6
1972

Faserforschung und Textiltechnik

WISSENSCHAFTLICH-TECHNISCHE ZEITSCHRIFT FÜR DIE CHEMIEFASER- UND TEXTILINDUSTRIE

AUS DEM INHALT

AKADEMIE-VERLAG BERLIN

Faserforsch. u. Textiltechnik • 23. Jahrg. • Heft 6 • Seiten 235–276 • Berlin im Juni 1972
FSTXA7 23 (6) 235–276 (1972) Preis: 15,– M • Sonderpreis DDR: 9,– M

DK 677.494.674'524'420 – 042.2:677.021.125.3:677.014.87:677.014.845 677.014.842

Seyfarth, Hans Eberhard, Henkel, Horst, Langner, Karl, Schönherr, Freimut, und *Wiesener, Ernst*

Untersuchungen über strukturelle Veränderungen beim Recken von Polyesterseide

Faserforsch. u. Textiltechnik **23** (1972) 6, S. 235—247. 20 Abb., 10 Tab., 18 Lit.

Während Veränderungen im übermolekularen Ordnungszustand von Polyesterseide durch Dichte-, Doppelbrechungs- und Röntgenuntersuchungen erst bei einem Reckgrad von etwa 150% nachgewiesen werden können, zeigen DTA-Untersuchungen schon bei niedrigen Reckstufen eine Erhöhung des Ordnungsgrades. Aus IR-spektroskopischen Messungen folgt, daß der Anteil an gereckten Molekülsegmenten mit steigendem Reckgrad linear zunimmt. Bei Biegeschwingungsmessungen und bei der Bestimmung der dielektrischen Verluste wird in Abhängigkeit vom Reckgrad annähernd übereinstimmendes Verhalten nachgewiesen, wonach die Menge der beweglichen Strukturelemente bei einem Reckgrad von 150% sprunghaft abnimmt.

DK 677.521:677.017.63:532.613:541.183:537.3

Wiedemann, Gottfried, und *Jacobasch, Hans-Jörg*

Über physikalisch-chemische Untersuchungen des Oberflächenverhaltens von Glasseiden

Faserforsch. u. Textiltechnik **23** (1972) 6, S. 261—266. 8 Abb., 3 Tab., 20 Lit.

Zur Charakterisierung physikalisch-chemischer Oberflächeneigenschaften von Glasseiden verschiedener Zusammensetzung wurden elektrokinetische Messungen in Elektrolytlösungen durchgeführt. Die Ergebnisse werden im Zusammenhang mit dem anwendungstechnischen Verhalten diskutiert.

DK 677.494.675'126-042.2:677.021.123.3:677.861.8:677.014.87 677.014.845:677.017.4:677.017.54

Schultze-Gebhardt, Fritz, und *Müller, Erhard H.*

Strukturänderungen beim thermischen Schrumpfen gereckter Polyamid-6-Fäden

Faserforsch. u. Textiltechnik **23** (1972) 6, S. 247—255. 8 Abb., 3 Tab., 37 Lit.

Der thermisch ausgelöste Schrumpf gereckter Polyamid-6-Fäden wird vorwiegend am extremen Fall hoher Aufheizgeschwindigkeit studiert. Aus röntgenographischer Analyse im Klein- und Weitwinkelbereich, Messungen der Schallfortpflanzung und des Spannungs-Dehnungs-Verhaltens wird auf die Struktur des hochgeschrumpften wie des gereckten Fadens geschlossen.

DK 677.463:677.021.125.26-913.3:677.051.125.26-913.3:677.021.125.261

Buschatz, Heinz

Laborspinnapparatur für Viskosefäden

Faserforsch. u. Textiltechnik **23** (1972) 6, S. 266—269. 2 Abb., 11 Lit.

Die Viskose wird mit Hilfe einer Zahnradpumpe direkt gefördert. Für die Entnahme einer Fadenprobe nach verschiedenen Reaktionszeiten wird bei entsprechenden Abständen von der Spinndüse ein Einzelfaden aus einem Fadenkabel von 24 oder 30 Einzelfäden abgezweigt, aus dem Bad gelenkt und auf eine Galette aufgewickelt. Beim Auflaufen auf die Galette erfolgt eine ständige Besprühung des Fadens mit einer eisgekühlten Abstopplösung, um die Wirkung des anhaftenden Spinnbades abzubrechen.

DK 547.255:547.458.82:677.021.123.22:543.422.6.062:543.851:543.888

Dautzenberg, Horst, Schumann, Jürgen, und *Philipp, Burkart*

Zur spektralfotometrischen Bestimmung von Xanthogenaten

Faserforsch. u. Textiltechnik **23** (1972) 6, S. 256—261. 6 Abb., 1 Tab., 23 Lit.

Durch systematische spektralfotometrische Messungen wurde für Äthylxanthogenat und Cellulosexanthogenat gezeigt, daß der für das Maximum der Xanthogenatbande bei 301 ermittelte Extinktionskoeffizient mit den Meßbedingungen variiert. Er hängt von der Spaltbreite des Fotometers, von der Xanthogenatkonzentration in der Meßlösung und vom Meßmedium ab. Für Cellulosexanthogenat ändert sich ε_{301} zusätzlich mit dem Reifezustand der Viskose, was in erster Linie durch eine unterschiedliche Verteilung der Xanthogenatgruppen zwischen den primären und sekundären Hydroxylgruppen der Cellulose bedingt zu sein scheint. Die Konsequenzen für die spetralfotometrische Xanthogenatbestimmung werden diskutiert.

Die Zeitschrift „Faserforschung und Textiltechnik" erscheint monatlich in Heften zu 48 Textseiten im Format A 4. Der Preis für das Einzelheft beträgt M 15,— (Sonderpreis für DDR M 9,—), für den Vierteljahresbezug M 45,— (Sonderpreis für DDR M 27,—), zuzügl. Bestellgeld. Die Berechnung erfolgt zu Beginn eines Vierteljahrs für 3 Hefte. Bestellungen aus dem Gebiet der Deutschen Demokratischen Republik an ein Postamt, eine Buchhandlung oder den Verlag, aus der Deutschen Bundesrepublik an eine Buchhandlung oder die Auslieferungsstelle Kunst und Wissen, Erich Bieber, 7 Stuttgart 1, Wilhelmstraße 4—6, aus dem Ausland an eine Importbuchhandlung, den Deutschen Buch-Export und -Import GmbH., 701 Leipzig, Postschließfach 276, oder den Akademie-Verlag GmbH., 108 Berlin, Leipziger Str. 3—4 (Fernruf: 220441; Telex-Nr. 0112020; Postscheckkonto 35021) erbeten. Bestellnummer dieses Heftes: 1014/23/6. Alleinige Anzeigenannahme DEWAG-WERBUNG, 102 Berlin, Rosenthaler Str. 28/31, und alle DEWAG-Betriebe in den Bezirksstädten der DDR. — Bestellungen in der UdSSR nehmen entgegen: Städtische Abteilungen von „SOJUZPECHATJ" bzw. Postämter und Postkontore.

Herausgeber und verantwortlich für den Inhalt: Prof. Dr. Erich Correns, Institut für Faserstoff-Forschung der Deutschen Akademie der Wissenschaften zu Berlin, 153 Teltow-Seehof, Fernruf: Teltow 4831; Prof. Dr.-Ing. habil. Wolfgang Bobeth, Institut für Technologie der Fasern der Deutschen Akademie der Wissenschaften zu Berlin, 801 Dresden, Hohe Str. 6, Fernruf: 44721; Prof. Dr.-Ing. Hans Böhringer, Institut für Textiltechnologie der Chemiefasern Rudolstadt, Fernruf: Rudolstadt 2031; Prof. Dr. Hermann Klare, Prof. Dr. habil. Burkart Philipp und Dr. habil. Christian Ruscher, Institut für Faserstoff-Forschung der Deutschen Akademie der Wissenschaften zu Berlin, 153 Teltow-Seehof, Fernruf: Teltow 4831. Schriftleiter: Joachim Brämer und Dipl.-Chem. Ingeborg Ruscher, 153 Teltow-Seehof, Kanstr. 55. Verlag: Akademie-Verlag GmbH., 1054 Berlin, Wilhelm-Pieck-Str. 49. Satz und Druck: Druckhaus „Maxim Gorki", 74 Altenburg. — Veröffentlicht unter der Lizenznummer 1280 des Presseamtes beim Vorsitzenden des Ministerrates der Deutschen Demokratischen Republik.

Faserforschung und Textiltechnik

WISSENSCHAFTLICH-TECHNISCHE ZEITSCHRIFT FÜR DIE CHEMIEFASER- UND TEXTILINDUSTRIE

Band 23 | Juni 1972 | Heft 6

Untersuchungen über strukturelle Veränderungen beim Recken von Polyesterseide

Hans Eberhard Seyfarth, Horst Henkel, Karl Langner, Freimut Schönherr und Ernst Wiesener

VEB Chemiefaserkombinat Schwarza „Wilhelm Pieck", Rudolstadt-Schwarza

DK 677.494'674'524'420-042.2:677.021.125.3:677.014.87:677.014.845:677.014.842

Während Veränderungen im übermolekularen Ordnungszustand von Polyesterseide durch Dichte-, Doppelbrechungs- und Röntgenuntersuchungen erst bei einem Reckgrad von etwa 150% nachgewiesen werden können, zeigen DTA-Untersuchungen schon bei niedrigen Reckstufen eine Erhöhung des Ordnungsgrades. Aus IR-spektroskopischen Messungen folgt, daß der Anteil an gereckten Molekülsegmenten mit steigendem Reckgrad linear zunimmt. Bei Biegeschwingungsmessungen und bei der Bestimmung der dielektrischen Verluste wird in Abhängigkeit vom Reckgrad annähernd übereinstimmendes Verhalten nachgewiesen, wonach die Menge der beweglichen Strukturelemente bei einem Reckgrad von 150% sprunghaft abnimmt.

Исследование структурных изменений в процессе вытяжки полиэфирного шелка

В то время, как изменения степени упорядоченности полиэфирного шелка путем измерения плотности и двойного лучепреломления, а также при применении рентгенографического метода могут быть обнаружены только при вытяжке, равной 150%, применение дифференциально-термического анализа позволяет обнаружить повышение степени упорядоченности уже при более низкой степени вытяжки. ИК-спектроскопические измерения показали, что доля вытянутых сегментов молекул возрастает прямо пропорционально степени вытяжки. При измерении упругих колебаний и при определении величины диэлектрических потерь было установлено аналогичное поведение материала в зависимости от степени вытяжки, причем количество подвижных элементов структуры скачкообразно снижается при степени вытяжки, равной 150%.

Investigations on the Structural Changes in Drawing Polyester Filaments

Whereas changes in the supramolecular state of order are revealed by density, birefrigence and X-ray investigations only beyond drawing degree of 150%, DTA investigations allow to detect an increase in the degree of order at lower drawing degrees. IR-spectroscopic-investigations show the amount of extended chain segments to increase linearly with increasing drawing degree. Bending vibration and dielectric loss measurements, being nearly equivalent in describing the dependence of the molecular motion on the drawing degree, show that the amount mobile structural elements decrease sharply at a drawing degree of 150%.

1. Einführung

Beim Recken synthetischer Faserstoffe wurden tiefgreifende Veränderungen in der übermolekularen Struktur beobachtet. Erst diese strukturellen Umwandlungen verleihen dem Material eine Reihe wichtiger textiler Gebrauchseigenschaften (Reißfestigkeit, geringe Restdehnung, bestimmtes Schrumpfverhalten). Nach einer umfassenden Analyse der Vorgänge beim Reckprozeß sollte es möglich sein, bestimmte Eigenschaften des Fasermaterials gezielt zu beeinflussen und bei nur geringfügigen Veränderungen in der Herstellungstechnologie zu verbesserten bzw. zu neuen Faserqualitäten zu gelangen. Aus diesem Grunde galt das Interesse vieler Arbeiten — besonders in den letzten Jahren — der Aufklärung der Struktur-Veränderungen beim Reckprozeß. Auch zum Verhalten von Polyesterfaserstoffen und -folien wurde eine Reihe von Einzelergebnissen bekannt.

In der vorliegenden Arbeit werden nun verschiedene physikalische und physikalisch-chemische Untersuchungen an den Reckreihen einer Polyesterseide (PES) beschrieben. Durch eine vergleichende Betrachtung der Einzelergebnisse wird versucht, Rückschlüsse auf die Veränderung der übermolekularen Struktur zu ziehen.

2. Experimentelle Angaben

2.1. Versuchsmaterial und Reckbedingungen

Versuchsmaterial war eine mattierte PES aus der GRISUTEN-Pilot-Anlage des CFW Schwarza mit einer Spinnfeinheit von 35 tex (30 Kapillaren). In drei Versuchsreihen wurde der Reckgrad zwischen Null und maximal 400% abgestuft (Tabelle 1).

Für die Reihen 1 und 2 stand ein Zugkraftprüfgerät zur Verfügung; es gestattete eine reproduzierbare Einstellung der sehr niedrigen Reckgeschwindigkeit von 1,35 mm/min. Um beim Recken Ungenauigkeiten durch unkontrollierbaren Schlupf der Fäden aus den Klemmen zu verhindern, wurden diese durch Haken ersetzt und die Versuche an Schlingen mit fünf Windungen durchgeführt; die Fadenenden waren verknotet. Die Temperatur während der ersten Versuchsreihe betrug konstant 20 °C (Normalklima). Für Versuche bei 80 °C (2. Reihe) wurde die Reckstrecke mit einem thermostatisierbaren Zylinder umgeben, der an beiden Enden verschlossen werden konnte; zum Angleich an die Versuchstemperatur wurde die Schlinge 10 min vor Beginn des Reckprozesses in den Zylinder gehängt. Die Reckbedingungen der Versuchsreihe 3 realisierten wir mit einer Laborreckeinrichtung der Firma Vickers Zimmer. Bei einer konstanten Einlaufgeschwindigkeit von 25 m/min wurde der Faden vor Eintritt in das Reckfeld mittels Heizgalette auf 80 °C erwärmt.

Tabelle 1. Reckbedingungen

Reckreihe	Reckgeschwindigkeit	Reck-temperatur
1	1,35 mm/min	20 °C
2	1,35 mm/min	80 °C
3	25 m/min	80 °C

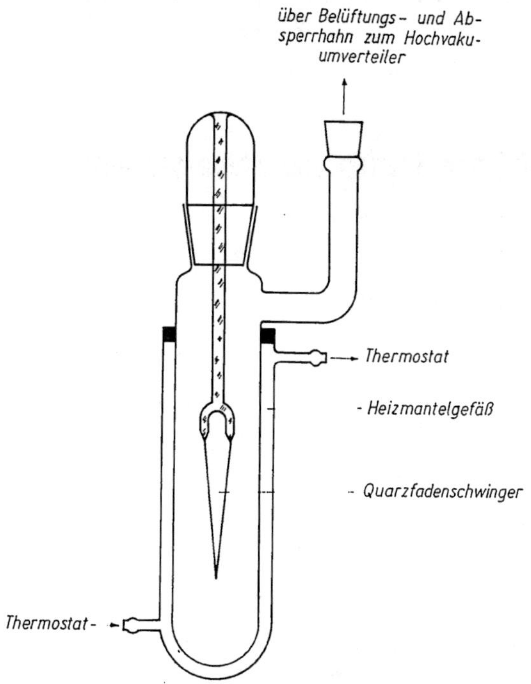

Bild 1. Schematische Darstellung der Apparatur für Biegeschwingungsmessungen

2.2. Beschreibung der Meßmethoden

Differentialthermoanalyse (DTA)

Für DTA-Messungen stand ein Derivatograph (MOM Budapest) zur Verfügung. Die Aufheizung erfolgte mit ca. 8 grd/min von Zimmertemperatur bis 300 °C; die Probeneinwaage betrug bei den Reihen 1 und 2 50 mg, bei der Versuchsreihe 3 150 mg. Es wurde die höchste DTA-Empfindlichkeit (1:1) eingestellt. Während des Versuches wurde ein N_2-Strom von 10 l/h durch den Probenraum geleitet. Als Inertsubstanz diente α-Aluminiumoxid.

Biegeschwingungs-Messungen

Bei Biegeschwingungs-Messungen wird die Dämpfung eines schwingenden Quarzfadens unter dem Einfluß aufgeklebter Faserproben bestimmt. Der Schwinger besteht aus zwei Quarzfäden mit einem Durchmesser von ca. 0,2 mm und einer Länge von etwa 80 mm. Zur Vermeidung von störenden *Lissajous*-Schwingungen müssen die Quarzfäden — wie in Bild 1 beschrieben — miteinander verbunden werden und in einer Ebene liegen. Ein solcher unbelegter Quarzfadenschwinger besitzt eine Halbwertszeit von $t_H > 10$ min.

Die zu untersuchenden Fasern wurden in sechs bis acht Windungen um die Quarzfäden gelegt und an den Enden mit Polyvinylcarbazollösung fixiert. Die erforderliche Fasermenge mußte in Vorversuchen ermittelt werden, um eine geeignete Schwingungshalbwertszeit zu erreichen. Eine zusätzliche Dämpfung durch Luftreibung wurde durch Messen unter Hochvakuum ($p < 10^{-4}$ Torr) vermieden. Der Quarzfadenschwinger wurde durch Klopfen an die Gefäßwand angeregt. Mit einer Stoppuhr bestimmt man die Zeit, in der die Amplitude auf die Hälfte absinkt; dabei geht man stets von einer konstanten Anfangsamplitude aus. Die Messungen wurden bei steigender Temperatur in Intervallen von 5 bis 10 grd wiederholt. Die Ergebnisse unserer Untersuchungen sind in Halbwertszeit/Temperatur-Diagrammen dargestellt.

Messung der dielektrischen Verluste

Zur Bestimmung der dielektrischen Verlustwinkel diente eine Verlustfaktormeßbrücke, Typ VKB der Firma Rohde & Schwarz, München. Die Faserproben wurden in etwa 1 cm lange Stücke geschnitten und über Phosphorpentoxid mehrere Tage intensiv getrocknet. Zur Messung wurden 3 g des trockenen Materials eingewogen. Die Meßfrequenz betrug 100 kHz. Bei einer Aufheizgeschwindigkeit von 1 grd/min erfolgten die Messungen zwischen 20 und 160 °C in Intervallen von 5 bzw. 2 grd. Zur Darstellung der Ergebnisse wurden die dielektrischen Verlustwinkel in Abhängigkeit von der Temperatur aufgezeichnet.

Dichtemessungen

Dichten wurden nach dem Prinzip der Schwebemethode (Temperaturvariation) gemessen. Immersionsflüssigkeiten waren Gemische aus Benzol und Tetrachlorkohlenstoff. Die Faserproben wurden in Form kleiner Schleifen nach intensiver Trocknung über Phosphorpentoxid eingesetzt. Die angegebenen Dichten sind Mittelwerte aus mindestens zehn Einzelmessungen.

IR-spektroskopische Untersuchungen

Die Spektren wurden mit Hilfe eines UR-Spektralphotometers UR 20 (VEB Carl Zeiss, Jena) unter Anwendung der KBr-Preßtechnik aufgenommen. 5 mg Fasermaterial mit einer Faserlänge von etwa < 0,01 mm wurden mit 800 mg Kaliumbromid vermengt.

Geräteeinstellung: Spaltprogramm: 4
Registriergeschwindigkeit: 25 cm/min
Schreibzeit für Vollausschlag: 16 s
Registriermaßstab: 20 mm/100 cm^{-1}
Verstärkung: 9,20

Die Spektrenauswertung erfolgte nach dem Grundlinienverfahren.

Bestimmung der Doppelbrechung

Die Messung der Doppelbrechung wurde mit dem Polarisationsmikroskop Polmi A (VEB Carl Zeiss, Jena) unter Verwendung von Glühlampenlicht und einem *Ehringhaus*-Meßkompensator mit 120 Drehungen vorgenommen (Objektiv = 40/0,65 160/0,17; Okular: Okularschraubenmikrometer 15 ×). Der Mittelwert aus Messungen an zehn verschiedenen Kapillaren ergab die Doppelbrechung einer Faserprobe, sie wurde für die Na-D-Linie bestimmt.

Röntgenographische Untersuchungen

Die röntgenographischen Untersuchungen wurden mit einer Universal-Röntgenfeinstruktur-Kamera URK 3 vom VEB Präzisionsmechanik Freiberg durchgeführt. Zur Probenvorbereitung wurde ein parallelisiertes Faserbündel mit alkoholischer Kollodium-Lösung getränkt und auf eine Schichtdicke von ca. 1 mm zusammengepreßt. Der Abstand zwischen Präparat und Film betrug 76 mm und die Belichtungszeit 100 min. Eine Auswertung der Röntgenaufnahmen erfolgte u. a. mit dem Schnellphotometer des VEB Carl Zeiss, Jena.

3. Versuchsergebnisse und Auswertung

3.1. DTA-Untersuchungen

Die ungereckten PES zeigen beim Aufheizen im DTA-Gerät den charakteristischen Kaltkristallisationspeak, der bei den hier angewandten Versuchsbedingungen bei ca. 110 bis 115 °C einsetzt und dessen Maximum bei etwa 130 °C liegt.

Mit steigendem Reckgrad tritt bei den Reckreihen 2 und 3, die bei 80 °C hergestellt wurden, eine stetige Abnahme der charakteristischen Peaktemperaturen auf,

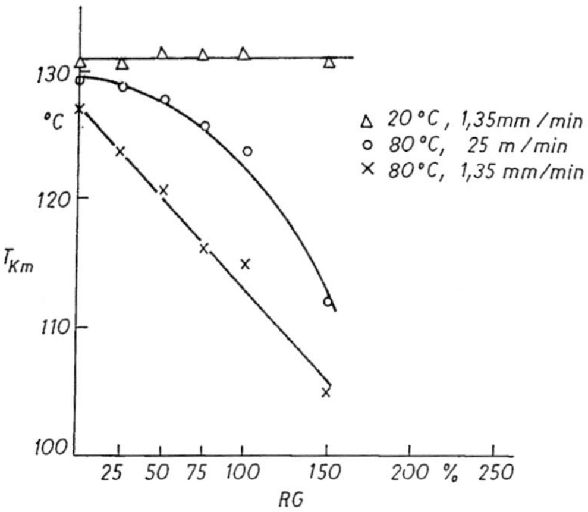

Bild 2. Temperatur des Kristallisationspeak-Maximums in Abhängigkeit vom Reckgrad

Tabelle 2. Temperatur des Kristallisationsbeginns (T_{Kb}) in Abhängigkeit vom Reckgrad

Reckung	T_{Kb} in °C		
%	1,35 mm/min 80 °C	25 m/min 80 °C	1,35 mm/min 20 °C
0	114	112	115
25	109	109	116
50	103	106	116
75	90	102	115
100	83	92	118
150	80	86	117

während die bei Zimmertemperatur gereckten Proben (Reckreihe 1) keine Herabsetzung der Kristallisationspeak-Temperaturen mit steigendem Reckgrad zeigen (vgl. Tabelle 2 und Bild 2).

Die Fläche des Kristallisationspeaks, die ein Maß für die Kristallisationswärme ist, nimmt bei allen drei Reihen mit steigendem Reckgrad ab. Etwa bei Reckgraden > 150 bis 200% ist auf den DTA-Kurven kein Kaltkristallisationspeak mehr nachzuweisen (vgl. Tabelle 3).

Diese Abnahme der Kristallisationspeakflächen mit steigendem Reckgrad wird von uns so interpretiert, daß mit steigendem Reckgrad während des Aufheizens ein immer geringer werdender Anteil der Probe kristallisiert, wobei zunächst noch nichts darüber ausgesagt wird, ob die Proben mit höherem Reckgrad bereits vorher weitgehend kristallisiert sind oder aber hinsichtlich der Kristallisation „behindert" sind.

Tabelle 3. Fläche des Kaltkristallisationspeaks in Abhängigkeit vom Reckgrad

Reckung	F_K in cm²*)		
%	1,35 mm/min 80 °C	25 m/min 80 °C	1,35 mm/min 20 °C
0	2,3	9,5	3,0
25	2,1	8,5	2,5
50	1,7	7,9	1,8
75	1,3	6,9	1,5
100	0,7	6,5	1,4
150	—	3,5	0,7
200	—	—	0,2

*) Die Absolutwerte innerhalb der drei Versuchsreihen sind nicht vergleichbar, da unterschiedliche Probeneinwaagen verwendet wurden.

R. Bonart [1] berichtet über eine analoge Beobachtung an ungereckten und teilgereckten PES, erklärt diese Erscheinung jedoch als Folge einer Überlagerung des exothermen Kristallisationsvorganges mit dem mit steigendem Reckgrad zunehmenden, endothermen Schrumpfungsvorgang. Diese Deutung setzt voraus, daß der Kristallisationsprozeß und der Schrumpfvorgang bei der verwendeten Heizgeschwindigkeit im gleichen Temperaturbereich und gleichzeitig ablaufen. Bei eigenen Messungen ist aber festgestellt worden, daß das Schrumpfen der ungereckten bzw. teilgereckten PES bereits oberhalb der Glasumwandlungstemperatur einsetzt und danach bereits oberhalb 70 °C der Beginn des endothermen Schrumpfprozesses nachweisbar sein müßte.

Um den möglichen Einfluß des Schrumpfens auf die Kristallisationspeakflächen nachzuweisen, wurde gereckte PES vor der DTA-Messung durch spannungsloses Tempern in Luft bzw. Wasser bei Temperaturen oberhalb der Glasumwandlungstemperatur teilweise bzw. völlig ausgeschrumpft. Die Temperbedingungen wurden so gewählt, daß noch keine Kristallisation der PES stattfinden konnte. Diese unterschiedlich ausgeschrumpften, nach wie vor röntgenamorphen Proben wurden anschließend mit der DTA untersucht. Wie aus Tabelle 4 folgt, zeigen die ungeschrumpften sowie die unterschiedlich stark ausgeschrumpften Proben etwa gleich große Kristallisationspeakflächen. Auf Grund dieser Resultate schließen wir Schrumpfvorgänge als Ursache für die verkleinerten Kristallisationspeakflächen aus.

Die Abhängigkeit der Schmelzpeakflächen vom Reckgrad der PES ist in Bild 3 dargestellt. Hieraus folgt, daß

Tabelle 4. Einfluß einer vorhergegangenen Schrumpfbehandlung auf die Kristallisationspeakflächen von ungereckter PES

Probenbehandlung	Dichte g/cm³	Röntgenstruktur	Schrumpf %	Krist.-Peakfläche cm²
unbehandelt	1,3490	amorph	0	2,2
30 min 50 °C, Luft	1,3495	„	0	2,4
30 „ 60 °C, „	1,3497	„	0	2,0
30 „ 70 °C, „	1,3490	„	16,6	2,2
30 „ 80 °C, „	1,3485	„	29,7	2,1
30 „ 90 °C, „	1,3483	„	34,3	1,9
30 „ 80 °C, Wasser	1,3462	„	39,3	2,0

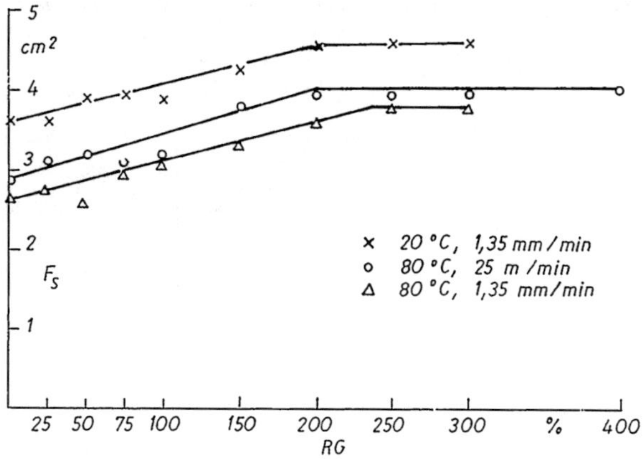

Bild 3. Abhängigkeit der Schmelzpeakflächen vom Reckgrad

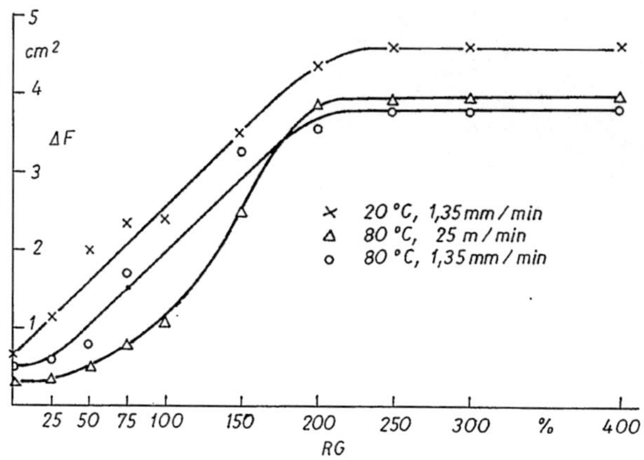

Bild 4. Abhängigkeit der Peakflächendifferenz ΔF vom Reckgrad

bei allen drei Reckreihen bereits bei kleinen Reckgraden ein leichter Anstieg der Schmelzpeakflächen mit zunehmendem Reckgrad zu verzeichnen ist. Bei Reckgraden oberhalb 100% nimmt die Schmelzwärme deutlich stärker zu, und etwa ab 175 bis 200% Reckung bleibt die Schmelzwärme konstant.

Da die Schmelzpeakflächen bereits bei kleineren Reckgraden ansteigen, darf mit Sicherheit gesagt werden, daß die Abnahme der Kristallisationspeakflächen mit steigendem Reckgrad nicht auf behinderte Kristallisation, sondern vielmehr auf bereits durch die Reckung vollzogene Kristallisation zurückzuführen ist.

Die gemessenen Schmelzpeakflächen (Schmelzwärmen) können jedoch nicht als unmittelbares Maß für den Ordnungsgrad der Proben im Ausgangszustand verwendet werden, da während des Versuches die Kaltkristallisation der Proben stattgefunden hat und einen Beitrag zur Schmelzwärme liefert. Um Aussagen über den Ordnungsgrad der Proben vor dem Aufheizen (also im Ausgangszustand) zu gewinnen, wurden von den gemessenen Schmelzpeakflächen die entsprechenden Flächen des Kaltkristallisationspeaks subtrahiert. Diese Peakflächendifferenz ΔF ist im Bild 4 als Funktion des Reckgrades dargestellt. Aus dem Kurvenverlauf kann geschlossen werden, daß der Ordnungsgrad der PES mit steigendem Reckgrad zunimmt und etwa bei 200 bis 250% Reckung einen oberen Grenzwert erreicht. Bei den beiden sehr langsam gereckten Probenserien (1,35 mm/min) ist der Ordnungsgradanstieg bereits bei niedrigen Reckgraden relativ stark, während die mit 25 m/min gereckte PES zwar auch schon bei niedrigen Reckgraden einen Ordnungsanstieg aufweist, der jedoch bei 100% Reckung noch einmal wesentlich stärker wird.

3.2. *Biegeschwingungsmessungen*

Biegeschwingungsmessungen an Festkörpern geben Aufschluß über die Beweglichkeit molekularer Bereiche. Das Versuchsmaterial wird einer periodischen Biegebeanspruchung unterworfen (Frequenz ≈ 100 Hz), dabei bewegen sich die Strukturelemente der Probe gegeneinander; aus der damit verbundenen inneren Reibung resultiert eine Dämpfung, die sowohl von der Struktur wie auch von der Temperatur abhängig ist. Bei Synthesefasern erlaubt diese Methode Rückschlüsse auf die übermolekulare Struktur.

H. Thurn [2] beschrieb das Dämpfungsverhalten niedermolekularer und polymerer Stoffe und lieferte eine mathematische Analyse der Versuchsergebnisse. Die Proben wurden auf schwingungsfähigen Quarzfäden befestigt. Die Dämpfung eines belegten Quarzfadenschwingers ist in erster Näherung dem Verlustmodul des Versuchsmaterials proportional. Als Maß für die Dämpfung wird die Halbwertszeit bestimmt.

Wir untersuchten das Biegeschwingungsverhalten der Reckreihen 1 (1,35 mm/min, 20°C) und 3 (25 m/min, 80°C). Die Halbwertszeiten wurden in Abhängigkeit von der Temperatur zwischen 20 und 150°C bestimmt und in den Bildern 5 bis 7 dargestellt. In den Diagrammen sind die Halbwertszeiten nach unten logarithmisch gegen die Temperatur aufgetragen. Halbwertszeit und Dämpfung verhalten sich umgekehrt proportional. Einer niedrigen Halbwertszeit entspricht eine starke Dämpfung.

In Vorversuchen an verschiedenen PES wurde festgestellt, daß sich das Dämpfungsverhalten bei ca. 75°C irreversibel verändert (vgl. Bild 5, Kurve 1).

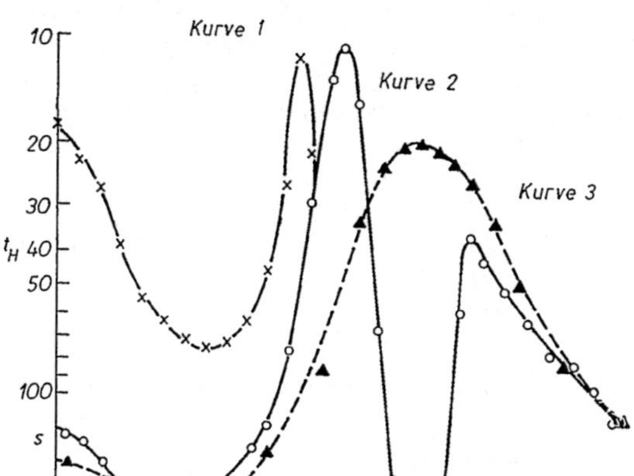

Bild 5. Biegeschwingungsverhalten von ungereckter PES in Abhängigkeit von der Temperatur
Kurve 1: beim Aufheizen bis etwa 75°C
Kurve 2: nach Abkühlung erneutes Aufheizen bis 150°C
Kurve 3: beim Abkühlen

Abkühlen und erneute Temperaturbehandlung zeigen einen anderen — nun aber reversiblen — Kurvenverlauf (Kurve 2). Lediglich nach einsetzender Kristallisation und Erhitzen auf 150 °C unterscheidet sich die Abkühlungskurve 3 wieder vom Aufheizversuch 2. Der Verlauf der Abkühlungskurve wird bei erneutem Erwärmen und Abkühlen beibehalten. Auf Grund dieser Ergebnisse wurden die weiteren Versuche in folgender Weise durchgeführt:

1. Aufheizen bis ca. 75 °C mit Biegeschwingungsmessungen (Kurve 1);
2. Abkühlen ohne Biegeschwingungsmessungen;
3. Aufheizen bis ca. 150 °C mit Biegeschwingungsmessungen (Kurve 2);
4. Abkühlen mit Biegeschwingungsmessungen (Kurve 3).

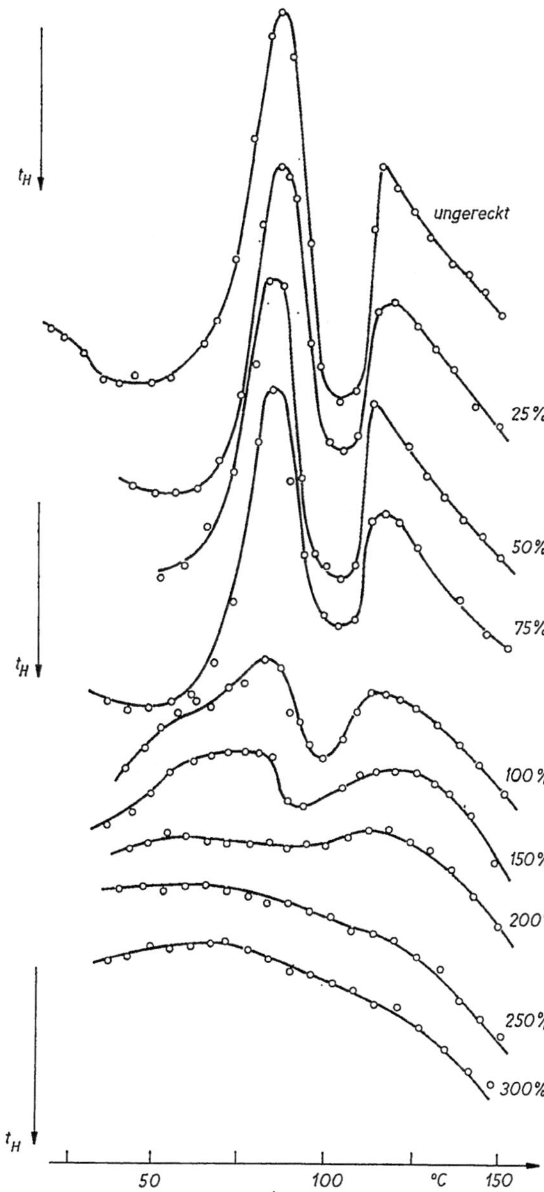

Bild 6. Biegeschwingungsverhalten unterschiedlich gereckter PES in Abhängigkeit von der Temperatur nach vorhergehender kurzzeitiger Temperbehandlung bei 75 °C (Reckreihe 1)

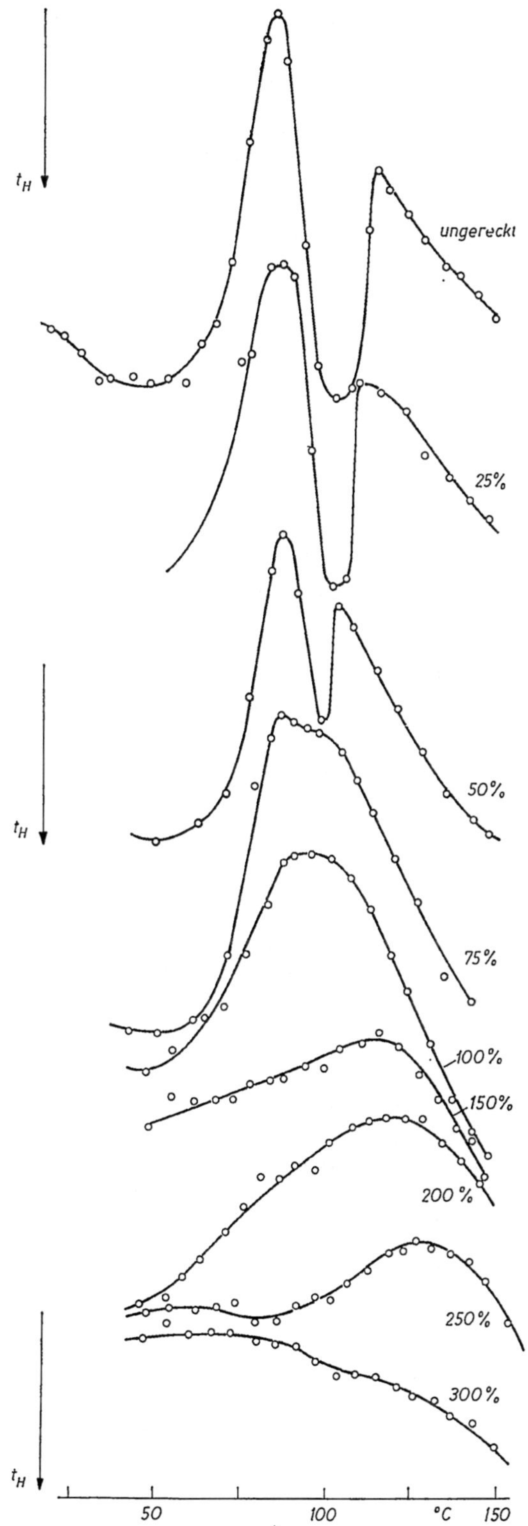

Bild 7. Biegeschwingungsverhalten unterschiedlich gereckter PES in Abhängigkeit von der Temperatur nach vorhergehender kurzzeitiger Temperbehandlung bei 75 °C (Reckreihe 3)

Für die bei ca. 75 °C beobachteten irreversiblen Veränderungen mögen vom Spinnprozeß herrührende „Verspannungen" verantwortlich sein, die im Bereich der Glasumwandlung relaxieren. Die Unterschiede zwischen der bis 150 °C reichenden Kurve 2 und der Abkühlungskurve 3 sind zweifellos auf den bei etwa 105 °C einsetzenden irreversiblen Kristallisationsprozeß zurückzuführen.

Für vergleichende Betrachtungen zum Dämpfungsverhalten von PES in Abhängigkeit vom Reckgrad wurde nur der Kurventeil 2 berücksichtigt (Aufheizen von 20 auf 150 °C nach vorheriger Wärmebehandlung bei 75 °C).

Ungereckte PES (s. Bild 6 und 7): Bei 20 °C beginnend, beobachteten wir mit steigender Temperatur zunächst eine Abnahme der Dämpfung. Nach einem flachen Minimum zwischen 40 und 50 °C erhöht sich die innere Reibung. Im Bereich der Glasumwandlungstemperatur zeigt die Dämpfungskurve bei etwa 80 °C ein ausgeprägtes Maximum, um dann bis zum Kristallisationsbeginn bei etwa 105 °C erneut abzufallen. Die durch Kristallisation bedingte Dämpfung erreicht ihren höchsten Wert zwischen 115 und 120 °C. Eine weitere Temperaturerhöhung bis 150 °C läßt einen steten Abfall der Kurve erkennen.

Im allgemeinen erwartet man in Festkörpern bei steigender Temperatur eine erhöhte Beweglichkeit der Strukturelemente und damit eine Abnahme der inneren Reibung. Bei ungereckter PES werden die beschriebenen Abweichungen durch Veränderungen in der übermolekularen Struktur im Bereich der Glasumwandlungstemperatur und während des Kristallisationsprozesses verursacht; diese führen zu den ausgeprägten Dämpfungsmaxima.

Teilgereckte PES: Bei niedrigen Reckstufen beobachten wir im wesentlichen gleiches Dämpfungsverhalten wie am ungereckten Material. Mit steigendem Reckgrad zeigen die Kurven einen zunehmend flacheren Verlauf. Maxima und Minima der Dämpfung sind weniger ausgeprägt; schließlich ist das durch den Kristallisationsbeginn verursachte Minimum nicht mehr nachweisbar. In Reckreihe 1 (1,35 mm/min, 20 °C) wird ein solcher Kurvenverlauf bei einem Reckgrad von 200% erreicht, in Reckreihe 3 (25 m/min, 80 °C) bereits bei einem Reckgrad von 100%. Die Dämpfungskurven zeigen dann nur noch *ein* flaches, wenig ausgeprägtes Maximum. Eine durch Glasumwandlung oder Kristallisation bedingte Änderung der inneren Reibung kann im einzelnen nicht mehr nachgewiesen werden. Diese Beobachtungen stimmen mit den Ergebnissen der DTA-Analyse überein; auch dort wurde bei einem Reckgrad >200% kein Kristallisationspeak mehr gefunden.

3.3. Messung der dielektrischen Verluste

Unter der Einwirkung eines äußeren elektrischen Feldes tritt in der Materie auf Grund von Elektronen- und Atomverschiebungen sowie Dipoleinstellungen eine Polarisation auf. Für Strukturuntersuchungen an Hochpolymeren interessieren besonders die Dipoleinstellungen, da aus ihnen Aussagen über die dabei ablaufenden Platzwechselvorgänge möglich sind [3 bis 6]. Bereits durch die Biegeschwingungsmessungen wurden Platzwechselvorgänge beschrieben. Beide Methoden unterscheiden sich jedoch bezüglich der von ihnen angeregten Platzwechselmechanismen und ergänzen sich in experimenteller Hinsicht.

Die dielektrischen Eigenschaften makromolekularer Produkte im zeitlich veränderlichen Feld werden durch den dielektrischen Verlustfaktor (tan δ) charakterisiert. Dieser Wert ist abhängig

von der molekularen und übermolekularen Struktur des Hochpolymeren,
von der Frequenz des Wechselfeldes und
von der Temperatur.

Bei konstanter Frequenz des Wechselfeldes wurden mit steigender Temperatur dielektrische Verlustfaktormaxima beobachtet, deren Lage von den molekularen und übermolekularen Eigenschaften der untersuchten Produkte bestimmt werden. Maxima treten bei Erhöhung der Temperatur in solchen Bereichen auf, in denen die Aktivierungsenergien ausreichen, dipolare Seitenketten der Moleküle oder Segmente der Hauptkette im Wechselfeld konstanter Frequenz in Schwingung zu versetzen. Mit weiter steigender Temperatur nimmt die Beweglichkeit der Moleküle zu, damit verringern sich die dielektrischen Verluste. Bild 8 zeigt z. B. das dielektrische Verhalten ungereckter PES bei einer Frequenz von 100 kHz zwischen 20 und 150 °C. Das Maximum der dielektrischen Verluste liegt bei 95,5 °C. Die dielektrischen Eigenschaften einzelner Reckstufen der Reihe 3 (25 m/min, 80 °C) sind in Bild 9 beschrieben.

Die Reckstufen mit einem Reckgrad < 100% besitzen ausgeprägte Verlustwinkelmaxima zwischen 85 und 95 °C. Vom ungereckten Material unterscheiden sie sich durch eine Unstetigkeit im dielektrischen Verhalten bei 105 bis 120 °C. Die Verlustwinkel-Maxima erfahren mit steigendem Reckgrad eine deutliche Verschiebung nach niedrigeren Temperaturen (vgl. Tabelle 5); Dipolorientierung setzt also unter Einwirkung eines konstanten äußeren Wechselfeldes bei zunehmend tieferer Temperatur ein, die Aktivierungsenergie der Platzwechselvorgänge wird offenbar mit steigendem Reckgrad zunächst herabgesetzt.

Völlig andere dielektrische Eigenschaften zeigen PES mit einem Reckgrad > 100%: flache und breite Maxima charakterisieren den Kurvenverlauf. Der Verlustwinkel des gereckten Materials (Reckgrad 400%) bleibt zwischen 20 und 170 °C nahezu konstant. Auch

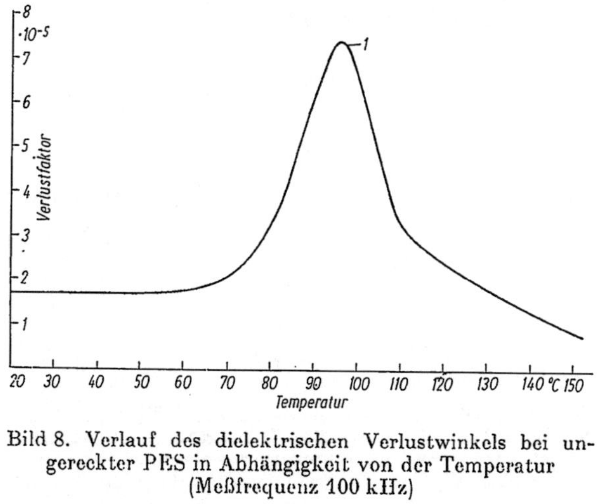

Bild 8. Verlauf des dielektrischen Verlustwinkels bei ungereckter PES in Abhängigkeit von der Temperatur (Meßfrequenz 100 kHz)

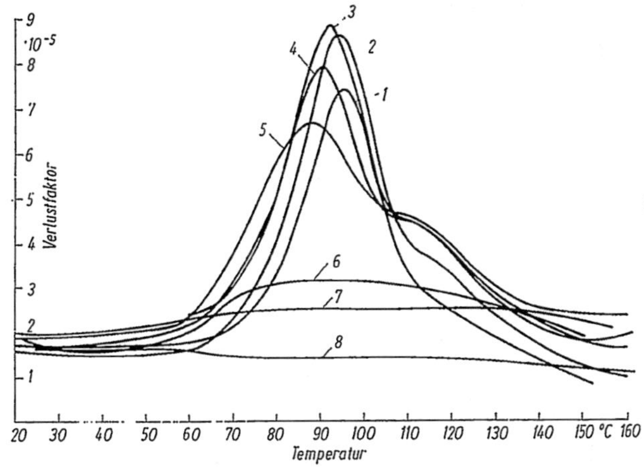

Bild 9. Verlauf des dielektrischen Verlustwinkels bei unterschiedlich gereckten PES in Abhängigkeit von der Temperatur (Meßfrequenz 100 kHz)
1: ungereckte PES; 2: $RG = 25\%$; 3: $RG = 50\%$; 4: $RG = 75\%$; 5: $RG = 100\%$; 6: $RG = 150\%$; 7: $RG = 300\%$; 8: $RG = 400\%$

durch eine nachfolgende Temperbehandlung bei 140 °C gelang es uns nicht, etwaige durch den Reckprozeß verursachte „Verspannungen" zu lösen, um auf diese Weise die Beweglichkeit der Kettensegmente im untersuchten Temperaturbereich nennenswert zu beeinflussen.

Bemerkenswert ist die weitgehende Übereinstimmung zwischen mechanisch und elektrisch induzierten Schwingungsvorgängen. Sowohl bei Biegeschwingungsmessungen wie auch bei der Bestimmung der dielektrischen Verluste wurden bei niedrigen Reckgraden ausgeprägte Maxima im Bereich der Glasumwandlung gefunden, die sich mit steigendem Reckgrad abflachen und verbreitern. Das durch den Kristallisationsprozeß bedingte Dämpfungsmaximum der Biegeschwingungen erscheint bei den dielektrischen Verlustwinkelmessungen nur als Unstetigkeit im Kurvenverlauf. Bei höheren Reckgraden ist der Einfluß der Kristallisation in beiden Fällen nicht mehr nachweisbar.

3.4. *Dichtemessungen*

Über Dichtemessungen an PES-Reckreihen wurde in der Literatur mehrfach berichtet [7 bis 9]. Nach *L. Morbitzer, G. Hentzke* und *R. Bonart* [7] zeigen einseitig gereckte Polyesterfolien bis zu einem Reckgrad von etwa 200% nur einen verschwindend geringen Dichteanstieg, danach nehmen die Werte sprunghaft zu. *J. L. Koenig* und *H. D. Mele* [8] beobachteten einen

Tabelle 5. Abhängigkeit des dielektrischen Verlustwinkel-Maximums ($\tan\delta_{max}$) *vom Reckgrad; PES-Reckreihe 3 (25 m/min, 80 °C)*

Reckgrad %	$T \tan\delta_{max}$ °C
ungereckt	95,5
25	94,5
50	92,5
75	90,5
100	88,0

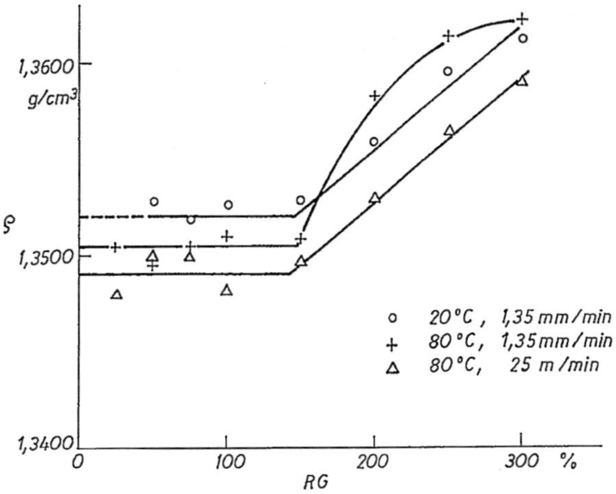

Bild 10. Änderung der Dichte von PES mit dem Reckgrad

Anstieg der Dichte bei einem Reckgrad > 160%; sie untersuchten ebenfalls Polyesterfolien unterschiedlicher Reckstufen.

Die Ergebnisse unserer Dichtemessungen an den Reckreihen 1, 2 und 3 sind in Bild 10 zusammengestellt. Die unterschiedlichen Reckbedingungen lassen keinen nennenswerten Einfluß auf den Verlauf der Kurven erkennen. Bis zu einem Reckgrad von 150% unterscheiden sich die Dichten der teilgereckten Fasern nur geringfügig vom ungereckten Material; bei einem Reckgrad von 200% besitzen die Proben in jedem Falle eine wesentlich höhere Dichte, sie steigt mit zunehmendem Reckgrad weiter an.

3.5. *IR-spektroskopische Untersuchungen*

Veränderungen im Ordnungszustand beim Recken von PES können auch IR-spektroskopisch erfaßt werden. Man bestimmt dabei Konformationsunterschiede, die in engem Zusammenhang mit der übermolekularen Struktur stehen. Konformationsisomere im Polyestermolekül sind durch verschiedene räumliche Anordnung der Substituenten an den Kohlenstoffatomen der Äthylenglykolgruppen möglich. Dieser Molekülteil kann jeweils in einer trans- oder gauche-Form vorliegen (vgl. Bild 11). Da sich die beiden konformationsisomeren Molekülformen hinsichtlich ihres Energiezustandes und ihrer Symmetrie unterscheiden, findet

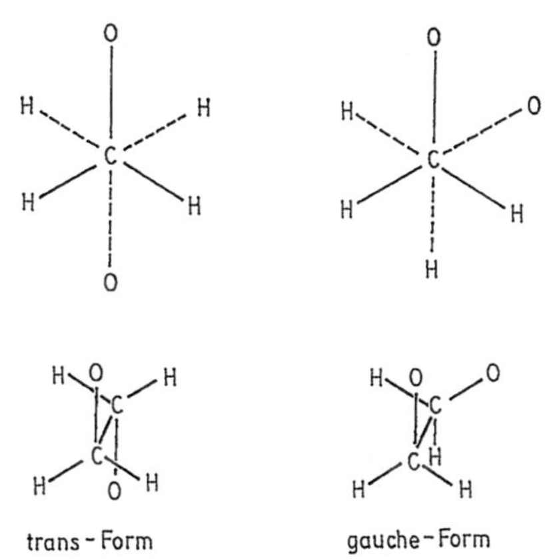

Bild 11. Rotationsisomere Formen der Äthylenglykolgruppe

Tabelle 6. Konformationsabhängige Bandenpaare im IR-Spektrum von Polyäthylenterephthalat (PÄT)

Schwingungsart	Konformation	Wellenzahl cm^{-1}
CH_2-bending	trans	1472
	gauche	1455
CH_2-wagging	trans	1343
	gauche	1370
CH_2-rocking	trans	848
	gauche	898
CO-stretching	trans	973
	gauche	1042

man im IR-Spektrum Absorptionsbanden, die entweder der trans-Form oder der gauche-Form zuzuordnen sind; es handelt sich um konformationsspezifische Banden. Die wesentlichen konformationsisomeren Bandenpaare sind in Tabelle 6 zusammengestellt.

Durch Kombination solcher trans- und gauche-Banden kann man den Anteil der in der trans- bzw. gauche-Form vorliegenden Äthylenglykolgruppen mit Hilfe des *Beer*schen Gesetzes berechnen. Wir verwendeten die gauche-Bande bei 1370 cm^{-1} und die trans-Bande bei 1343 cm^{-1}. Das Verhältnis der Extinktionskoeffizienten wurde zu $E_g/E_t = 0{,}195$ bestimmt. Über weitere Einzelheiten zur Bestimmung der Konformerenanteile wurde bereits berichtet [10].

Zwischen den berechenbaren Konformerenanteilen und dem Ordnungsgrad besteht folgender Zusammenhang: im kristallinen Polyäthylenterephthalat (PÄT) kann nur die trans-Form vorliegen, da ausschließlich dieses Konformere zur geforderten gereckten Molekülform befähigt ist. In den amorphen Bereichen findet man dagegen neben vorwiegend gauche-Konformeren einen unterschiedlich großen trans-Anteil. Die Zusammensetzung der amorphen Phase kann bei Kenntnis des kristallinen Anteils bestimmt werden.

Daß sich bei der Reckung von PÄT nicht nur der kristalline Anteil erhöht, sondern auch eine Änderung in der Zusammensetzung der amorphen Bereiche eintritt, schließen *L. Morbitzer*, *G. Hentze* und *R. Bonart* auf Grund von dehnungskalorimetrischen Messungen an PÄT-Folien [7]. Sie fanden, daß der E-Modul als Funktion des Reckgrades erst nach einer Reckung von 200% stark ansteigt. Sie nehmen zunächst eine Ausrichtung von Bereichen an, die damit eine gewisse Vorordnung aufweisen, ohne daß sich die Nahordnung ändert. Durch eine weitere Reckung wird dann die Molekülnahordnung erhöht (Entschlaufung von Kettensegmenten; Ausbildung einer Fibrillenstruktur).

C. J. Heffelfinger und *P. G. Schmidt* [11] berechneten aus IR-dichroitischen Messungen in Verbindung mit Dichtemessungen die Anteile kristallin/trans (k_t), amorph/trans (a_t) und amorph/gauche (a_g). Ihre Ergebnisse zeigt Tabelle 7.

Man erkennt, daß mit steigendem Reckgrad sowohl der Anteil kristallin/trans wie auch der Anteil amorph/trans deutlich ansteigen, während der Anteil amorph/gauche entsprechend abnimmt.

W. J. Dulmage und *A. L. Geddes* [1, 2] führten Doppelbrechungs- und IR-dichroitische Messungen durch und fanden bei dem Vergleich der Resultate,

Tabelle 7. Konformerenanteile kristallin/trans (k_t), amorph/trans (a_t) und amorph/gauche (a_g) in Abhängigkeit vom Reckgrad nach C. J. Heffelfinger und P. G. Schmidt [11]

	% Reckung				
	0	100	200	250	300
k_t	0	7	14	17	25
a_t	13	14	20	24	31
a_g	87	79	66	59	44

daß die Doppelbrechung und das dichroitische Verhältnis der Banden bei 1340 cm^{-1} und 1020 cm^{-1} die gleiche Tendenz in Abhängigkeit vom Reckgrad zeigen. Bei nichtkristallisierten Proben wurden nach Reckung um etwa 350% Endwerte der Doppelbrechung und des IR-dichroitischen Verhältnisses gefunden, während bei kristallisierten Proben bereits bei einer Reckung von etwa 200% Endwerte vorlagen.

G. Farrow und *J. M. Ward* [9] zeigten, daß bei ungerecktem PÄT die Kristallinitätswerte nach der Röntgen-, Dichte- und IR-spektroskopischen Methode annähernd übereinstimmen, während bei gerecktem PÄT die IR-Kristallinität deutlich höhere Kristallinitätswerte ergab als nach Dichte- und Röntgenuntersuchungen.

Auf Grund dieser Ergebnisse muß angenommen werden, daß sich beim Recken von PÄT nicht nur die Anteile an geometrisch geordneten Kettenabschnitten erhöhen; der Reckprozeß ist vielmehr auch mit Veränderungen in den amorphen Bereichen verbunden; diese bestehen aus Übergängen trans → gauche und können als Orientierung in den amorphen Anteilen in Erscheinung treten.

Wir führten IR-spektroskopische Untersuchungen am faserförmigen Material der oben beschriebenen drei Reckreihen durch. Die gauche-Anteile der einzelnen Reckstufen wurden ermittelt. Für Aussagen über Veränderungen in den amorphen Bereichen wurden diese Werte mit den Ergebnissen der Dichtemessungen korreliert. Bei der Darstellung der Extinktionsquotienten E_t/E_g ($E_t = E_{1343}$, $E_g = E_{1370}$) in Abhängigkeit vom Reckgrad beobachteten wir mit steigendem Reckverhältnis eine monotone, aber nicht lineare Zunahme von E_t/E_g (Bild 12). Die stärkste Zunahme zeigt Reckreihe 1 (1,35 mm/min, 20 °C), die geringste Reihe 3 (25 m/min, 80 °C). Reihe 2 (1,35 mm/min,

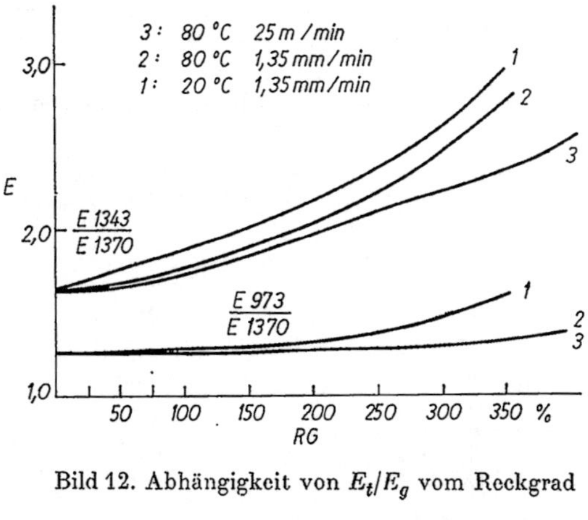

Bild 12. Abhängigkeit von E_t/E_g vom Reckgrad

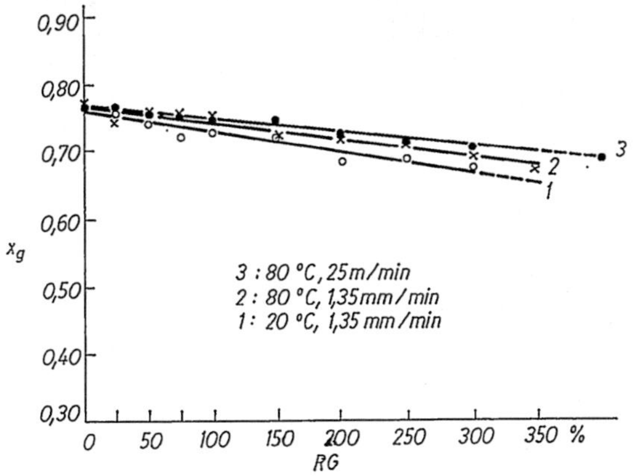

Bild 13. gauche-Anteil in Abhängigkeit vom Reckgrad

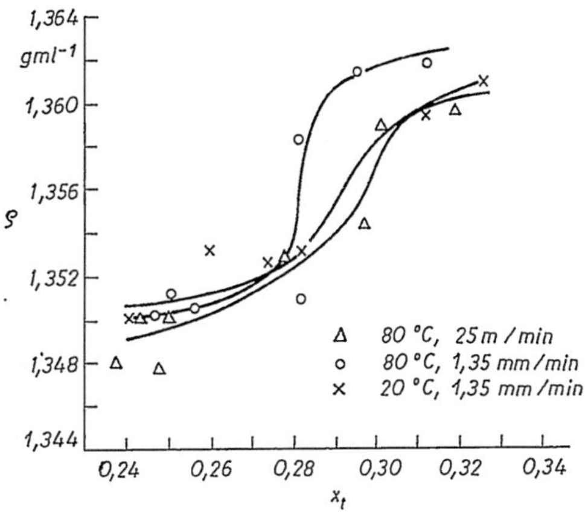

Bild 14. Zusammenhang zwischen Dichte und trans-Anteil bei PES-Reckreihen

80 °C) liegt dazwischen. Die Extinktionsquotienten E_{973}/E_{1370} ergeben bedeutend geringere Veränderungen.

Die gleiche Reihenfolge wie bei den Extinktionsquotienten E_{1343}/E_{1370} wurde erwartungsgemäß bei der Darstellung der gauche-Anteile in Abhängigkeit vom Reckgrad beobachtet (Bild 13).

In Tabelle 8 sind die gauche-Anteile ungereckter PES und die der Reckstufen mit $RG = 350\%$ aus den Reihen 1 bis 3 angegeben. Bei völlig isotropen, amorphen PÄT-Folien wurden gauche-Anteile von 0,87 gefunden [13]. Der niedrigere gauche-Anteil bei PES ist auf die Spinnorientierung zurückzuführen.

Insgesamt ist die Abnahme der gauche-Anteile mit steigendem Reckgrad überraschend gering; sie kann in guter Näherung durch eine Gerade dargestellt werden. Wichtige Hinweise auf die Beziehung zwischen dem Anteil der gestreckten Molekülsegmente (trans) und den dreidimensional geordneten Bereichen liefert die Korrelation der gauche-Anteile mit der Dichte (Bild 14), da daraus auf die Veränderungen in den amorphen Bereichen geschlossen werden kann. Voraussetzung ist allerdings die Richtigkeit der Annahme, daß die Dichte tatsächlich angenähert als Maß für die dreidimensional geordneten Bereiche gelten kann.

Es zeigt sich, daß bis zu einem Reckgrad von etwa 200% zwar die gauche-Anteile abnehmen, die Dichte aber praktisch konstant bleibt. Das deutet darauf hin, daß die Reckung von Anfang an mit einer Ausrichtung von Kettensegmenten durch die Umwandlung gauche → trans verbunden ist, eine Kristallisation im Sinne einer dreidimensionalen Ordnung jedoch noch nicht einsetzt. Diese erfolgt, wie die Dichtezunahme zeigt, erst nach einer Reckung auf etwa 200%. Dieser Vorgang ist dann nicht mehr mit einer entsprechenden sprunghaften Abnahme der gauche-Anteile verknüpft, da durch die Umwandlung gauche → trans bereits von Beginn der Reckung an zusätzliche gereckte Molekülsegmente (trans-Form) zur Verfügung stehen. Bei einem gauche-Anteil von etwa 0,70 steigt die Kristallisation nicht mehr in demselben Maße, während der trans-Anteil weiterhin linear zunimmt. Dieser Verlauf kann unter Umständen mit einer Erhöhung der Orientierung in den amorphen Bereichen erklärt werden.

Tabelle 8. gauche-Anteile von um 350% gereckter PES im Vergleich zum ungereckten Material

Reckreihe	x_g ($S = 0\%$)	x_g ($RG = 350\%$)
1	0,76	0,65
2		0,68
3		0,71

3.6. *Röntgenfeinstrukturuntersuchungen*

Röntgenfeinstrukturuntersuchungen an Hochpolymeren werden seit langem zur Erforschung der übermolekularen Struktur genutzt, sie gestatten u. a. Aussagen über Orientierung und Kristallinität in makromolekularen Produkten. Auch strukturelle Veränderungen beim Recken von PÄT-Fasern und -Folien wurden mehrfach röntgenographisch untersucht [1, 9, 11, 12, 15, 16]. Je nach Reckgrad, -geschwindigkeit und

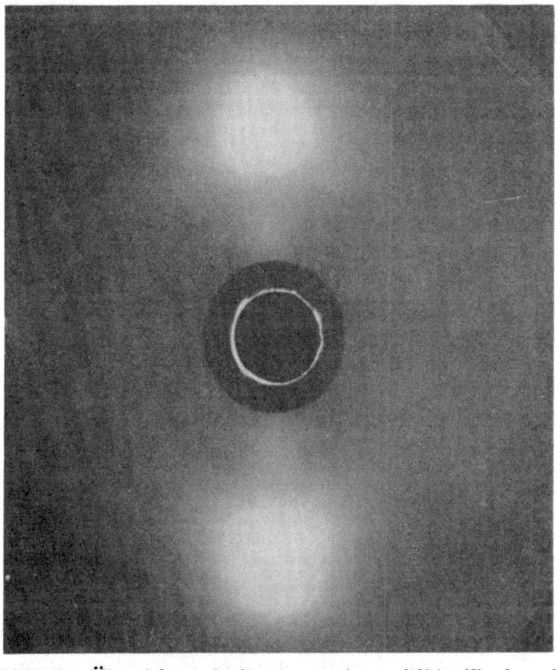

Bild 15. Übersichtsaufnahme gereckter PES (Reckgrad 300%, Reckgeschwindigkeit 1,35 mm/min bei 20 °C)

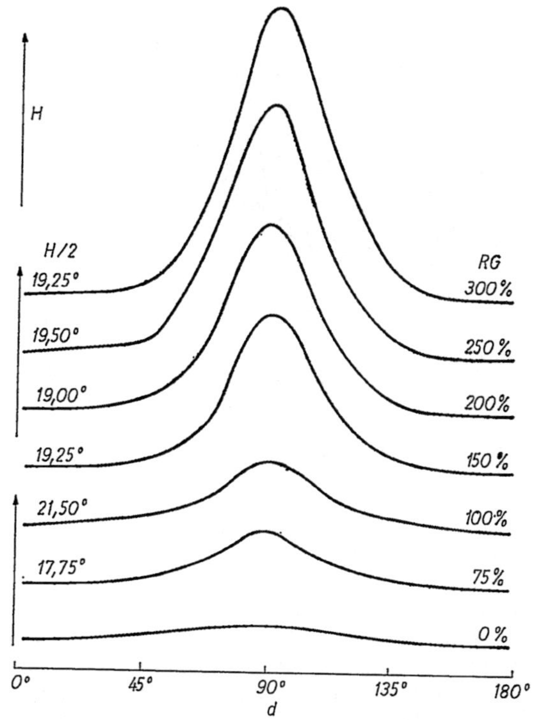

Bild 16. Azimutale Intensitätsverteilung in Röntgendiagrammen der Reckreihe 1 (mit Angabe der Halbwertsbreiten $H/2$)

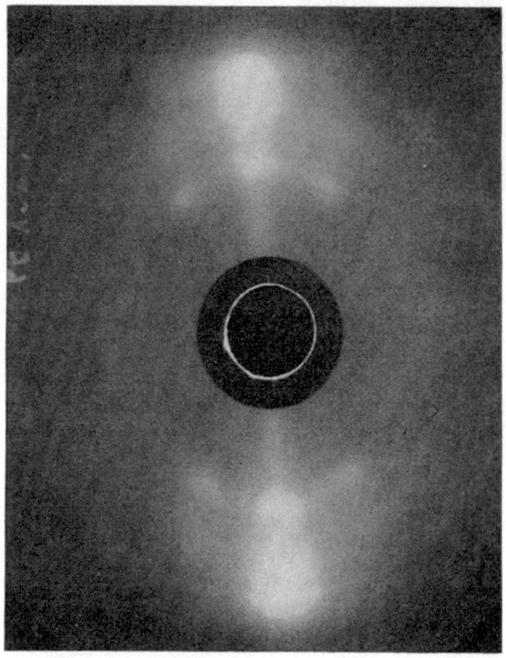

Bild 18. Übersichtsaufnahme gereckter PES (Reckgrad 350%, Reckgeschwindigkeit 1,35 mm/min bei 80 °C)

-temperatur entstehen aus amorphen und weitgehend isotropen Spinnseiden und -folien Produkte mit unterschiedlicher Orientierung und Röntgenkristallinität.

Bei visueller Auswertung der Röntgendiagramme von Reckreihe 1 (1,35 mm/min, 20 °C) beobachteten wir eine bei etwa 100% Reckung beginnende Orientierung, die erwartungsgemäß mit steigendem Reckgrad zunimmt. Röntgenkristallinität konnte dagegen selbst beim höchsten Reckgrad nicht nachgewiesen werden (vgl. Bild 15). Die azimutale Intensitätsverteilung der Röntgendiagramme wurde mit Hilfe eines Schnellphotometers bestimmt. Da Bestrahlungsdauer, Probendichte und Schichtdicke annähernd konstant gehalten wurden, war eine halbquantitative Auswertung möglich. Bild 16 enthält die Kurven der azimutalen Intensitätsverteilung für die Reckstufen zwischen 0 und 300%. Ungerecktes Material sowie die Reckstufen 25 und 50% zeigen noch keine ausgeprägten Intensitätsmaxima. Bemerkenswert erscheint die Konstanz der Halbwertsbreiten. Die Halbwertsbreiten aller Reckstufen sind unabhängig vom Reckgrad und betragen im Mittel 19,25°. Geringfügige Abweichungen bei den Reckstufen 75 und 100% mögen auf Meßungenauigkeiten der noch flachen Maxima zurückzuführen sein.

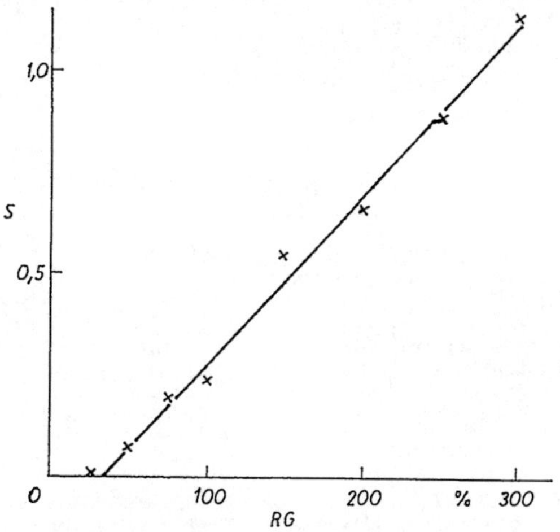

Bild 17. Höhe der Intensitätsmaxima H in Abhängigkeit vom Reckgrad (bestimmt durch photometrische Auswertung der Röntgendiagramme)

Im Gegensatz zur Konstanz der Halbwertsbreiten nimmt die Höhe der Maxima mit steigendem Reckgrad ständig zu. In Bild 17 ist die Höhe der Maxima als Funktion des Reckgrades angegeben, sie könnte als Maß für den Anteil der orientierten Makromoleküle gelten und steigt angenähert linear an.

Bei Reckreihe 2 (1,35 mm/min, 80 °C) zeigen die Röntgendiagramme ebenfalls ab 100% Reckung eine deutliche Orientierung; daneben treten bereits bei 150% Reckung Reflexe auf, die eine beginnende Kristallisation beweisen. Das Röntgendiagramm der höchsten Reckstufe (350%) in Bild 18 charakterisiert ein stark orientiertes und zugleich deutlich kristallines Produkt. Bei der photometrischen Auswertung wurden die Intensitäten der Außen- und Innenreflexe getrennt bestimmt. Die Halbwertsbreiten nehmen im Gegensatz zur Reckreihe 1 mit steigendem *RG* ständig ab (vgl. Tabelle 9), die Höhen der Intensitätsmaxima von Außen- und Innenreflexen vergrößern sich.

Unter den Bedingungen der Reckreihe 3 (25 m/min, 80 °C) ist die Orientierung der Molekülsegmente mit teilweiser Kristallisation verbunden, doch selbst bei hoher Orientierung ($RG = 400\%$) tritt im Röntgendiagramm nur eine schwache Aufspaltung in mehrere

Tabelle 9. Halbwertsbreite der azimutalen Intensitätsverteilung für Außen- und Innenreflexe in Röntgendiagrammen der Reckreihe 2

Reckgrad %	Außenreflex	Innenreflex
150	18,5°	30,3°
200	15,3°	24,0°
250	12,8°	19,0°
300	11,3°	11,5°
350	12,5°	12,0°

durch dreidimensionale Ordnung verursachte Reflexe ein (Bild 19); offenbar liegen amorph orientierte und kristalline Bereiche nebeneinander vor. Eine halbquantitative Auswertung der Diagramme läßt erkennen, daß die Halbwertsbreiten mit steigendem Reckgrad abnehmen (vgl. Tabelle 10); die Höhen der Intensitätsmaxima zeigen eine steigende Tendenz.

Während bei Reckreihe 1 ausschließlich eine Orientierung von Molekülsegmenten beobachtet wurde, war diese unter den Bedingungen der Reckreihe 2 mit einer Kristallisation der in Reckrichtung angeordneten Bereiche verbunden. Die in der Nähe der Glasumwandlung liegende Recktemperatur fördert den Kristallisationsprozeß. Bei Reihe 3 ist der Anteil an kristallinen Bereichen geringer. Die höhere Reckgeschwindigkeit hat offenbar eine zusätzliche Erwärmung des Fadenmaterials zur Folge, die der Kristallisation entgegenwirkt. Nach *J. L. Koenig* und *M. D. Mele* [8] findet selbst bei langsam verlaufenden Reckprozessen oberhalb 105 °C keine Kristallisation mehr statt. Bei 170 °C wird sogar die Molekülorientierung durch Relaxationsvorgänge verhindert.

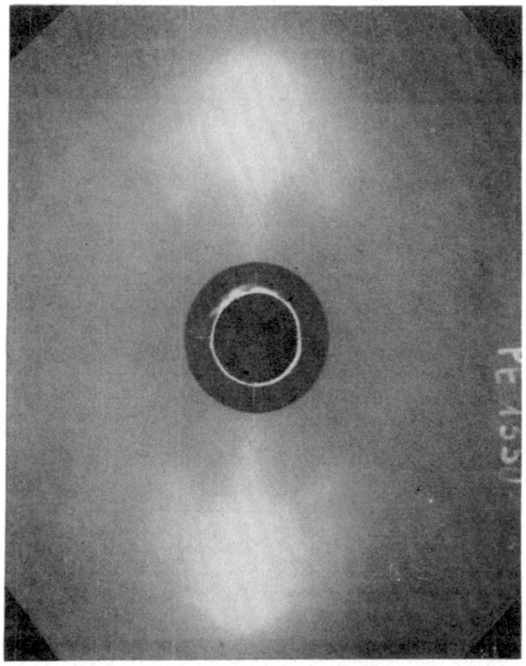

Bild 19. Übersichtsaufnahme gereckter PES (Reckgrad 400%, Reckgeschwindigkeit 25 m Fadeneinlauf/min bei 80 °C)

Tabelle 10. Halbwertsbreiten der azimutalen Intensitätsverteilung für Röntgendiagramme der Reckreihe 3

Reckgrad %	Halbwertsbreite
25	46,5°
50	38,0°
75	33,5°
100	27,0°
150	18,5°
200	18,8°
250	15,8°
300	14,8°
400	12,0°

3.7. Bestimmung der Doppelbrechung

Die Abhängigkeit der Doppelbrechung vom Reckgrad wurde sowohl an Polyesterfasern [17] wie auch an -filmen [12] bestimmt. Dabei wurde gefunden, daß sich die Doppelbrechung bis zu einem Reckgrad von 75% nur geringfügig von der des ungereckten Materials unterscheidet, dann aber sprunghaft ansteigt und bei Reckgraden $> 150\%$ nur noch langsam weiter zunimmt.

Die Ergebnisse eigener Doppelbrechungsmessungen sind in Bild 20 wiedergegeben. Grundsätzlich wurde die in der Literatur beschriebene Abhängigkeit der Doppelbrechung vom Reckgrad bestätigt. Dabei kann ein deutlicher Einfluß der unterschiedlichen Reckbedingungen auf den Verlauf der Kurven festgestellt werden. Bemerkenswert ist der vergleichsweise langsame Anstieg

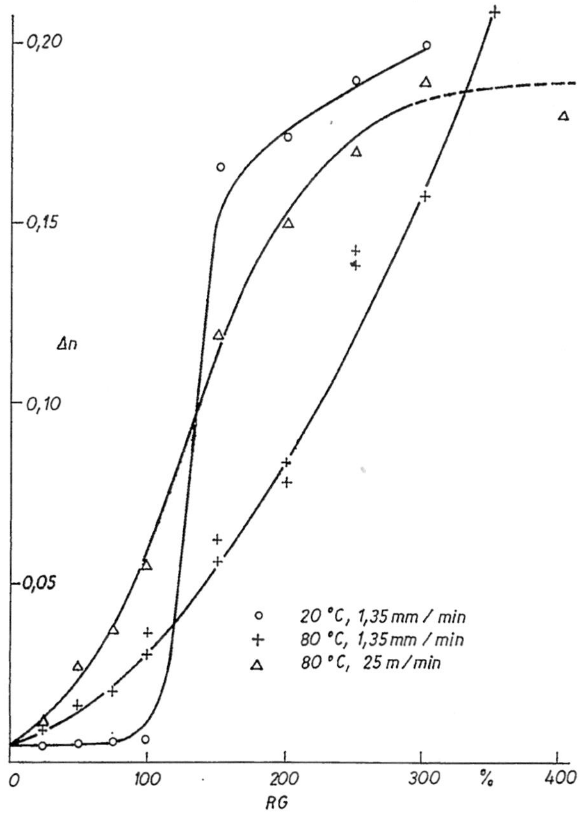

Bild 20. Änderung der Doppelbrechung von PES mit dem Reckgrad

der Doppelbrechung in Reckreihe 2. Einen ähnlichen Verlauf wie die Doppelbrechungskurven in Bild 20 zeigen auch die Kurven des Bildes 4; sie beschreiben die Abhängigkeit der Kristallinität vom Reckgrad und wurden aus DTA-Messungen ermittelt.

4. Zusammenfassung und Diskussion

Verschiedentlich wird in der Literatur darauf hingewiesen, daß Hochpolymere mit linearem Molekülaufbau auch dann bereits Bereiche mit weitgehend geordneter übermolekularer Struktur besitzen, wenn sich z. B. durch Röntgen- oder Dichteuntersuchungen noch keine Kristallinität nachweisen läßt. Für PÄT bewies *K. H. Illers* [18], daß beim Tempern amorpher Proben im Temperaturbereich zwischen 50 und 90 °C keine mit den üblichen physikalischen Methoden nachweisbare Kristallisation eintritt. Bei diesen Temperaturen sollen sich aber bereits kleine geordnete Bereiche bilden, die dann erst bei Temperaturen ab 95°C eine z. B. röntgenographisch nachweisbare Größe erreichen.

Unsere Versuche an PES zeigen, daß im Röntgenbild erst bei Reckgraden von 150 bis 200% Kristallisation nachgewiesen werden kann; Dichte und Doppelbrechung steigen in diesem Bereich sprunghaft an (Bilder 10 und 20). In Abhängigkeit von den Reckbedingungen (Recktemperatur und -geschwindigkeit) ergeben sich zwar besonders bei den Röntgenaufnahmen gewisse quantitative Unterschiede, das Gesamtverhalten bleibt aber im Rahmen der gewählten Reckbedingungen unbeeinflußt. Während bei einer Recktemperatur von 20 °C im wesentlichen nur eine Zunahme der Orientierung beobachtet wird, zeigen die Röntgenaufnahmen der bei 80 °C gereckten Proben neben dem Anstieg der Orientierung auch eine Erhöhung des Kristallisationsgrades (vgl. Bilder 15, 18 und 19).

Die Ergebnisse der DTA scheinen zunächst im Widerspruch zu den bisher geschilderten Beobachtungen zu stehen. Während Dichte-, Doppelbrechungs- und Röntgenuntersuchungen erst bei einem Reckgrad von 150% wesentliche Veränderungen im Ordnungszustand des Polymermaterials erkennen lassen, werden diese bei DTA-Untersuchungen bereits vom Beginn der Reckung an beobachtet. Da die Kristallisationspeakflächen schon zu Beginn der Reckung abnehmen und bei einem Reckgrad von 150 bis 200% den Wert Null erreichen, muß sich der Ordnungszustand in den teilgereckten PES bereits bei niedrigen Reckgraden entscheidend verändern; das wird auch durch den Anstieg der Peakflächendifferenz ΔF unterstrichen (Bild 4). Die Abnahme der Kristallisationspeakfläche mit steigendem Reckgrad war inzwischen auch von *J. L. Koenig* und *M. D. Mele* [8] beschrieben worden.

Bei der Deutung der Ergebnisse ist zu beachten, daß bei den Röntgen-, Dichte- und Doppelbrechungsmessungen im wesentlichen die geometrische Anordnung der Moleküle charakterisiert wird, während durch die DTA-Untersuchungen Änderungen im Energiezustand bestimmt werden. Nach den DTA-Messungen nimmt der Ordnungsgrad bereits von Beginn der Reckung bis zu einem Reckgrad von 150 bis 200% nahezu stetig zu, während darüber keine Veränderungen mehr nachweisbar sind. Im Gegensatz dazu zeigen Röntgen-, Dichte- und Doppelbrechungsmessungen erst oberhalb eines Reckgrades von etwa 150% eine deutliche Erhöhung des Ordnungszustandes. Diese Diskrepanz deuten wir in Übereinstimmung mit *K. H. Illers* folgendermaßen: Der Ordnungsgrad der PES steigt bereits bei niedrigen Reckstufen deutlich an. Es entstehen dabei jedoch nur kleine geordnete Bereiche, die im Röntgenbild noch keine diskreten Reflexe zeigen, deren Bildung aber mit einer deutlichen Änderung der freien Enthalpie verbunden ist. Im Gegensatz dazu treten von einem Reckgrad von 150% an die geometrischen Umwandlungen in den Vordergrund, d. h., von diesem Reckgrad an sind diskrete Röntgenreflexe zu beobachten. Da diese strukturellen Veränderungen aber nicht mit einer nennenswerten Abnahme der freien Enthalpie verbunden sind, handelt es sich offensichtlich um die Zusammenlagerung kleiner Ordnungsbereiche zu größeren Struktureinheiten. Diese Deutung wird auch durch die Ergebnisse der Dichtemessungen bestätigt.

In quantitativen IR-spektroskopischen Untersuchungen wird das trans/gauche-Konformeren-Verhältnis in Abhängigkeit vom Reckgrad der PES bestimmt. Mit dem Übergang gauche → trans wächst der Anteil an gereckten Molekülsegmenten als Voraussetzung für eine Erhöhung des Ordnungszustandes. Der trans-Anteil nimmt von Beginn der Reckung an linear zu.

Bei der Messung der mechanischen und dielektrischen Verluste wird im Temperaturbereich von 20 bis 160 °C in Abhängigkeit vom Reckgrad annähernd übereinstimmendes Verhalten nachgewiesen. Beide Methoden ergeben für niedrige Reckgrade ausgeprägte Dämpfungsmaxima im Bereich der Glasumwandlung, die sich besonders bei den mechanischen Dispersionskurven mit steigendem Reckgrad abflachen und verbreitern. Die Menge der beweglichen Strukturelemente hat bei einem Reckgrad von 150% sprunghaft abgenommen. Das durch den Kristallisationsprozeß bedingte Dämpfungsmaximum der Biegeschwingungen erscheint bei den dielektrischen Verlustwinkelmessungen nur als Unstetigkeit im Kurvenverlauf.

Literatur

[1] *Bonart, R.:* Kristall- und Kolloidstrukturen beim Dehnen und Verstrecken. Kolloid-Z. **231** (1969) 1/2, S. 438–458.

[2] *Thurn, H.:* Eine neue Methode der inneren Dämpfung von festen und flüssigen Stoffen. Materialprüfung **5** (1963) 3, S. 114–121.

[3] *Clement, A., Dittmann, H., Henkel, H., Kaufmann, S., Lochmüller, O.,* und *Wiesener, E.:* Faserphysikalische Arbeiten zur Qualitätsentwicklung. Mitt. Inst. Textiltechnol. Chemiefasern, Rudolstadt **8** (1964) 2/3, S. 116–144.

[4] *Langbein, G.:* Die Anwendung der dielektrischen Methode bei der Untersuchung von Kunststoffen. Kunststoffe **51** (1961) 9, S. 503–508.

[5] *Reddish, W.:* The dielectric properties of polyethylene terephthalate (Terylene). Trans. Faraday Soc. **46** (1950) S. 459–475.

[6] *Huff, K.,* und *Müller, F. H.:* Veränderungen des dielektrischen Relaxationsspektrums von Hochpolymeren durch Verstreckung. Kolloid-Z. **153** (1957) 1, S. 5–28.

[7] *Morbitzer, L., Hentze, G.,* und *Bonart, R.:* Zur Dehnungskalorimetrie einseitig verstreckter Polyäthylenterephthalatfolien. Kolloid-Z. **217** (1967) S. 137–149.

[8] *Koenig, J. L.*, und *Mele, M. D.*: Calorimetric studies of drawn polyethylene terephthalate. Makromol. Chemie **118** (1968) S. 128–143.

[9] *Farrow, G.*, und *Ward, J. M.*: Crystallinity of polyethylene terephthalate. A comparsion of X-ray, infrared and density measurements. Polymer, London **1** (1960) 3, S. 330–339.

[10] *Schönherr, F.*: UR-spektroskopische Absolutbestimmung der Rotationsisomeren in Polyäthylenterephthalat. Z. Chemie **9** (1969) 11, S. 424–425.

[11] *Heffelfinger, C. J.*, und *Schmidt, P. G.*: Structure and properties of oriented polyethylene terephthalate films. J. appl. Polymer Sci. **9** (1965) S. 2661–2680.

[12] *Dulmage, W. J.*, und *Geddes, A. L.*: Structure of drawn polyethylene terephthalate. J. Polymer Sci. **31** (1958) S. 499–511.

[13] *Schönherr, F.*: Über Zusammenhänge zwischen Konformationszustand und Kristallinität von Polyäthylenterephthalat. Faserforsch. u. Textiltechnik **21** (1970) 6, S. 246–250.

[14] *Berestneva, G. L.*, *Wankin, V. J.*, und *Kozlov, P. V.*: Der Einfluß der Verstreckung auf die Struktur und die Eigenschaften von Polyäthylenterephthalat-Filmen. V. Röntgenuntersuchung der Kristallisationsvorgänge in einachsig orientierten Filmen. Vysokomol. Soed. (Hochmol. Verbind.) **3** (1961) 12, S. 1787–1793.

[15] *Yeh, G. S. Y.*, und *Geil, P. H.*: Spannungsinduzierte Kristallisation von Polyäthylenterephthalat. J. macromol. Sci., B: Physics **1** (1967), 2, S. 251–277.

[16] *Bonart, R.*: Parakristalline Strukturen in Polyäthylenterephthalat. Kolloid-Z. **213** (1966) 1/2, S. 1–11.

[17] *Skraga, J.*, *Basinski, A.*, *Czajkowski, A.*, und *Milewicz-Dabek, E.*: Einfluß der Alterung von nichtorientierten Polyäthylenfaserstoffen auf die Strukturveränderung bei der Reckung. Polimery, Warszawa **12** (1967) 9, S. 425–430.

[18] *Illers, K. H.*: Geordnete Strukturen in amorphem Polyäthylenterephthalat. Kolloid-Z. **245** (1971) 1, S. 393–399.

Eingegangen am 14. Dezember 1971

Strukturänderungen beim thermischen Schrumpfen gereckter Polyamid-6-Fäden

Fritz Schultze-Gebhardt

Ingenieurbereich Angewandte Physik / Dormagen

Erhard H. Müller,

Zentralbereich Anwendungstechnik / Leverkusen der Farbenfabriken Bayer AG, Leverkusen

DK 677.494.675126-042.2:677.021.123.3:677.861.8:677.014.87:677.014.845:677.017.4:677.017.54

Der thermisch ausgelöste Schrumpf gereckter Polyamid-6-Fäden wird vorwiegend am extremen Fall hoher Aufheizgeschwindigkeit studiert. Aus röntgenographischer Analyse im Klein- und Weitwinkelbereich, Messungen der Schallfortpflanzung und des Spannungs-Dehnungs-Verhaltens wird auf die Struktur des hochgeschrumpften wie des gereckten Fadens geschlossen.

Структурные изменения при термической усадке вытянутых нитей из полиамида 6

Термическая усадка вытянутых нитей из полиамида 6 была исследована преимущественно в предельном случае высокой скорости подъема температуры. Рентгенография под малыми и большими углами рассеяния, измерения скорости распространения звука и снятие кривых нагрузка-удлинение позволяют сделать выводы о структуре нитей в вытянутом состоянии и после сильной усадки.

Structural Changes in Drawn Polyamide-6-Filaments Subjected to Thermal Shrinking

The shrinking initiated by heat has been investigated with polyamide filaments subjected to heating at extremely high heating rate. The structure of the shrunk and drawn filaments was investigated by small and wide angle X-ray measurements, sound velocity and stress-strain determination.

1. Problemstellung

Durch mechanisches Recken orientierte polymere Festkörper schrumpfen bis zu einem gewissen Grade wieder zusammen, wenn sie bei hinreichend niedriger Probenbelastung erwärmt oder mit Quellmitteln behandelt werden. Bei Fasern und Fäden hat dieser Schrumpf große praktische Bedeutung, sei es, daß er in bestimmter Höhe für manchen Einsatz gewünscht wird, sei es, daß er für andere Zwecke möglichst gering sein soll. So ist die Entfernung der Schrumpfbarkeit Ziel verschiedener sog. Thermofixierprozesse. Auch beim Texturieren synthetischer Garne, das i. allg. mit einem Erhitzen verbunden ist, kann je nach äußeren Bedingungen ein unterschiedlicher Materialschrumpf auftreten, der die mechanischen und sonstigen physikalischen Eigenschaften der Faser erheblich verändern kann.

Die folgende Arbeit beschäftigt sich mit den Materialveränderungen beim spannungslosen, thermischen Schrumpfen am Beispiel gereckter Polyamid(PA)-6-Fäden, wobei insbesondere auch der Einfluß der Erhitzungsgeschwindigkeit behandelt wird. Ähnliche Untersuchungen, allerdings an PA-6.6-Fäden, wurden von *Dismore* und *Statton* [1] sowie *Dumbleton* und *Buchanan* [2] durchgeführt. Die von ersteren gegebene Deutung, daß insbesondere bei Temperaturen dicht unterhalb des makroskopischen Schmelzpunktes eine Umordnung zu ausgedehnteren Kristall-Lamellen mit mehr Kettenrückfaltungen stattfindet, bedarf noch der Verfeinerung, zumal die experimentellen Ergebnisse von [1] gewisser Kritik ([2, 3] und weiter unten) nicht ganz standhalten. Es erschien ferner interessant, PA 6 und PA 6.6 in ihrem Schrumpfverhalten zu vergleichen. Das eigentliche Ziel dieser Arbeit ist es, zu einem allgemeineren Verständnis der in gereckten Fäden bei ihrem thermischen Schrumpf ablaufenden Vorgänge beizutragen.

2. Methodik

2.1. Schrumpfversuche

Über P_2O_5 sorgfältig getrocknete, ca. 1 m lange Fadenproben „kaltgereckten" Polyamids 6 wurden in heißes Siliconöl („Bayer M 100") konstanter Temperatur 20 s getaucht, anschließend mit Aceton gewaschen. Dabei wurde ihr Schrumpf durch Längenmessungen vor und nach der Behandlung festgestellt. Weitere Versuche wurden mit endlichen Aufheizraten (z. B. 8 und 85 grd/min) des Ölbades, ferner mit Sattdampf verschiedener Temperatur unter Benutzung eines 100-l-Labordämpfers gemacht.

2.2. Prüfung der mechanischen Eigenschaften

Spannungs-(σ, ε)-Diagramme wurden mit einer Dehngeschwindigkeit $\dot{\varepsilon} = 0{,}01\ s^{-1}$ aufgezeichnet. In den abgebildeten Diagrammen ist stets die „Wirkspannung" (Kraft/Feinheit) · $(1 + \varepsilon)$ in p/dtex[1]), d. h. die um die Änderung der Fadenfeinheit beim Dehnen korrigierte Spannung, aufgetragen. Bei Wiederholung der Dehnbeanspruchung wurde der entspannten Probe eine Erholungszeit von mindestens 24 h gegeben.

Die Messung der Schallgeschwindigkeit v [km/s] wurde nach einer Methode von *Morgan* [4], wie in [5] beschrieben, durchgeführt. Aus ihr errechnet sich ein dynamischer E-Modul E_0 nach (vgl. [5])

$$\frac{E_0(\omega)}{\varrho}\left[\frac{p}{\mathrm{d\,tex}}\right] = 10{,}2\,\frac{v^2}{1+\left(\frac{\beta v}{\omega}\right)^2} \qquad (1)$$

(ϱ = Dichte, ω = Kreisfrequenz, β = Dämpfungsfaktor). Bei hinreichend hoher Frequenz (hier 6,7 kHz) kann der Term $(\beta v/\omega)^2 \ll 1$ vernachlässigt werden [5].

Bei ausreichender Probenvorspannung (0,1 p/dtex) war eine vom Schrumpfen herrührende leichte Fadenkräuselung geglättet.

[1]) 1 dtex = 10^{-4} g/m Einheit der Fadenfeinheit.

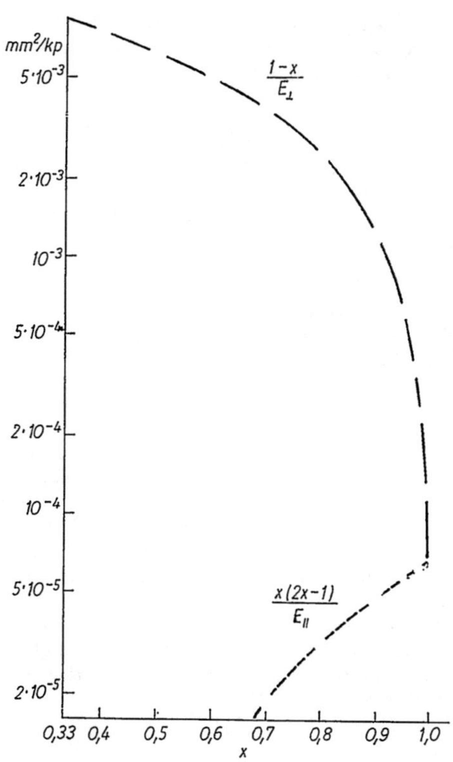

Bild 1. Reihenschaltung intramolekularer und intermolekularer Kräfte

Darstellung der Terme $f(x)/E$ der Gleichung (5) $(1-x)/E_\perp + x(2x-1)/E_\| = 1/E$ für $x = \overline{\cos^2\vartheta}$, $G = E_\perp = 80$ kp/mm², $E_\| = 15\,000$ kp/mm²

Nach theoretischen Ansätzen von *Moseley* [6] und *Ward* [7, 8] kann aus dem E-Modul E_0 ein Maß

$$\cos^2\vartheta_m = 1 - \frac{2}{3}\frac{E_u}{E_0} \qquad (2)$$

für die mittlere Orientierung aller Molekülsegmente zur Faserachse gewonnen werden, wo ϑ_m ein effektiver Orientierungswinkel ist, dessen $\cos^2\vartheta_m$ an die Stelle des Mittels $\overline{\cos^2\vartheta}$ aller vorkommenden Orientierungswinkel tritt, und E_u einen dem unorientierten Zustand ($\overline{\cos^2\vartheta} = 1/3$) zugeordneten E-Modul bedeutet. Für PA-6-Fäden setzten wir als provisorischen Wert $E_u = 10{,}4$ p/dtex ≈ 120 kp/mm² nach Messungen von *Nosov* und *Osimin* [9] ein.

Zum besseren Verständnis des Zusammenhanges zwischen E-Modul und Orientierung sei etwas näher auf die Ableitung der Gleichung (2) nach *Ward* [7, 8] eingegangen. Zugrunde liegt ihr das Modell eines Aufbaus des makroskopischen Körpers aus unterschiedlich orientierten, rotationsisotropen Volumenelementen, deren elastische Konstanten

$$E_\|,\ E_\perp,\ G\ (= \text{Schubmodul}),\ \nu\ (= \text{Querkontraktionszahl})$$

die des vollkommen axialorientierten Körpers sein sollen. Der makroskopische E-Modul für Beanspruchungen in Probenlängsrichtung ergibt sich — unter Voraussetzung innerer Spannungshomogenität („Reihenschaltung") — aus einer Transformation des Komplianztensors im Koordinatensystem des Elements in das Koordinatensystem der Probe,

$$\frac{1}{E} = \frac{1}{E_\perp}\overline{\sin^4\vartheta} + \left(\frac{1}{G} - \frac{2\nu}{E_\|}\right)\overline{\sin^2\vartheta\,\cos^2\vartheta} + \frac{1}{E_\|}\overline{\cos^4\vartheta}, \qquad (3)$$

wobei über alle Orientierungswinkel ϑ der Elemente (nach einer geeigneten Verteilungsfunktion) gemittelt ist; $E_\|$ bedeutet den Modul des Kettenmoleküls, $E_\perp$ den Modul für Beanspruchungen quer zur Kettenrichtung.

Im allgemeinen gilt

$$G \approx E_\perp \ll E_\| \qquad \nu \approx 0{,}5 \qquad (4)$$

und somit

$$\frac{1}{E} \approx \frac{1-\overline{\cos^2\vartheta}}{E_\perp} + \frac{\overline{\cos^2\vartheta}\,(2\,\overline{\cos^2\vartheta} - 1)}{E_\|}. \qquad (5)$$

Für einen numerischen Fall, der gerecktem PA 6 entspricht, d. h. für $E_\perp \approx 2/3\,E_u \approx 80$ kp/mm² [9][2]), ($G \approx 50$ kp/mm² [10]), $E_\| \approx 15\,000$ kp/mm² [11] sind die Terme der rechten Seite der Gleichung (5) in Bild 1 dargestellt. Das Diagramm zeigt anschaulich, daß die Komplianz $E_\|^{-1}$ in Richtung Molekülachse, also gegenüber Kräften aus homöopolaren Valenzen, erst bei hoher Ausrichtung der Ketten in die Fadenachse zur makroskopischen Dehnbarkeit in dieser Richtung beiträgt. Überwiegend ist dagegen der Einfluß der Komplianz $E_\perp^{-1}$ — wenn auch abnehmend mit höheren Orientierungen. Näherungsweise läßt sich daher sagen, daß der makroskopische E-Modul in Probenlängsrichtung im wesentlichen durch quermolekulare Kräfte und deren Orientierung bestimmt wird. Diesen Sachverhalt drückt die von *Moseley* [6] und *Ward* [8] eingeführte Näherungsformel

$$E \approx \frac{E_\perp}{1 - \overline{\cos^2\vartheta}} \qquad (6)$$

aus, die für $E_\perp \ll E_\|$ unmittelbar aus Gleichung (5) folgt. Ersetzt man noch $E_\perp \approx 2/3\,E_u$ und $\overline{\cos^2\vartheta} = \cos^2\vartheta_m$, so ergibt sich die oben eingeführte Gleichung (2).

[2]) Die Beziehung $E_\perp \approx 2/3\,E_u$ folgt aus obigen Gleichungen für $\overline{\cos^2\vartheta} = 1/3$.

Für den makroskopischen E-Modul wird es daher, zumal bei kleinen bis mittleren Orientierungen, sehr auf die Art der zwischenmolekularen Wechselwirkung ankommen. Als Beispiel sei die Moduldispersion beim Eindringen von Wasser in die nichtkristallinen Bereiche erwähnt, die für PA 6 bereits von *Becker* und *Oberst* [12] festgestellt wurde. Selbst bei Schallfrequenz (6,7 kHz) fällt der E-Modul mit steigendem Wassergehalt auf 200 kp/mm² (für einen Wasseranteil von 8% der Trockenmasse) ab [13]; diesem Wert entspricht nach Gleichung (1) eine Schallgeschwindigkeit von 1,4 km/s, etwa die des reinen Wassers. Unter anderem nach *Puffr* und *Sebenda* [14] blockiert Wasser die Ausbildung direkter Wasserstoffbrücken zwischen CO- und NH-Gruppen benachbarter PA-Moleküle, so daß dadurch die intermolekulare Wechselwirkung stark beeinträchtigt wird.

Der $E_\perp$-Modul kann aber auch durch sonstige Strukturänderungen der zwischenkristallinen Bereiche beeinflußt werden. Bei der Diskussion von E-Modul-Messungen, insbesondere für den Schluß auf die mittlere Orientierung $\cos^2 \vartheta_m$, muß man also beachten, ob sich die Größe $E_\perp$ geändert haben kann.

Die Angabe eines solchen Orientierungsgrades ist nur eindeutig, wenn der Bezugswert E_u konstant und genau bekannt ist. Dieser kann sich aber sowohl in einem Dispersionsgebiet als auch mit dem Charakter der zwischenmolekularen Kräfte ändern.

2.3. Die makroskopische Dichte

wurde nach der Schwebemethode bestimmt[3]).

2.4. Röntgenstruktur-Untersuchungen

Alle röntgenographischen Untersuchungen wurden in Durchstrahltechnik mit Ni-gefilterter Cu-K_α-Strahlung durchgeführt. Die Messung der Kleinwinkellangperiode erfolgte aus photographischen Aufnahmen in einer *Kiessig*-Kamera, alle übrigen Diagramme wurden mit Zählrohr und Impulshöhendiskriminator registriert.

Die Lagen, Breiten und Intensitäten der Weitwinkelreflexe wurden den Diffraktometerdiagrammen der Äquator-, Meridian- und Azimutalstreukurven orientiert aufgewickelter Proben entnommen.

Kleinwinkelstreukurven wurden sowohl an orientierten als auch an durch Zerkleinern desorientierten Proben in einer *Kratky*-Kamera mit Spaltblenden aufgenommen. Eine Kontrolle der Desorientierung erfolgte qualitativ aus photographischen Weitwinkeldiagrammen. Die an den orientierten Proben gewonnenen Diagramme wurden durch Messung der Lage und der Halbwertsbreite des Langperiodenreflexes nach *Cvankin* [15] und *Buchanan* [16] ausgewertet. Die Diagramme der desorientierten Proben wurden nach *Porod* [17] quantitativ ausgewertet. Die notwendigen Berechnungen sind in einer elektronischen Rechenanlage programmiert und umfassen folgende Schritte:

1. Normierung der gemessenen Streukurve auf Absolutintensität durch Vergleich mit einer Standardprobe [18];
2. Kontrolle des Auslaufs der Streukurve auf Gültigkeit des *Porod*schen Gesetzes

$$J = K \cdot s^{-3} + u. \tag{7}$$

Der Fluktuationsterm u wird als konstant über den gesamten Meßbereich angenommen und vor der weiteren Auswertung von der gemessenen Kurve abgezogen [19]. Durch das *Porod*sche Gesetz wird sichergestellt, daß bei weiteren Auswertungen scharfe Phasengrenzen zugrunde gelegt werden dürfen.

[3]) Die mitgeteilten Meßergebnisse verdanken wir Herrn Dr. *H. Wilsing* im Wissenschaftlichen Labor der Fasersparte der Farbenfabriken Bayer AG.

3. Berechnung der Invarianten aus dem Integral

$$Q = \int_0^\infty J \cdot s \cdot ds. \tag{8}$$

Die Integration erfolgt numerisch in drei Abschnitten. Der innere Teil der Streukurve bei kleinen Winkeln wird auf Null extrapoliert, für den mittleren Teil werden die Meßwerte aufsummiert, und für den Bereich bei großen Winkeln wird die unter 2 berechnete Konstante K verwendet.

4. Berechnung des Schwankungsquadrats der Dichten und der reduzierten Durchschußlänge [20].

Für ein Zweiphasen-System mit den Dichten ϱ_1 bzw. ϱ_2, der makroskopischen Dichte ϱ und den Volumenanteilen w_1 bzw. $1 - w_1$ gilt

$$w_1 = \frac{\varrho_1 - \varrho}{\varrho_1 - \varrho_2}, \tag{9}$$

$$Q \approx \overline{\Delta \varrho^2} = w_1(1 - w_1) \cdot (\varrho_1 - \varrho_2)^2 = (\varrho_1 - \varrho) \cdot (\varrho - \varrho_2). \tag{10}$$

Da sich die Dichte der kristallinen Bereiche aus der Gitterzelle und den Lagen der Weitwinkelreflexe bestimmen läßt, liefert so die Invariante Q Dichte und Volumenanteil der nichtkristallinen Phase. Für die Durchschußlängen gilt

$$l_1 \approx \frac{K}{Q \cdot w_2}. \tag{11}$$

Die Größe l_i hängt von Form und Größe der streuenden Teilchen ab, insbesondere gilt für einen Zylinder mit der Höhe h und dem Radius r

$$l_i = \frac{2rh}{r + h} \xrightarrow[r \to \infty]{} 2h.$$

3. Ergebnisse

3.1. Schrumpf in Abhängigkeit von Temperatur und Erhitzungsgeschwindigkeit

Das Ausmaß eines thermischen Schrumpfes hängt nicht nur von der gewählten Temperatur und dem Erhitzungsmedium (Inertgas, Wasserdampf, Flüssigkeit), sondern vornehmlich auch von der Erhitzungs*geschwindigkeit* ab. Bei ungünstigem Wärmeübergang an der Fadenoberfläche, wie beim Erhitzen in Gasen unzureichender Konvektion, ist eine gewisse Aufheizzeit des Fadenobjekts nicht zu unterschreiten. Unter solchen Umständen wird ein mit der Temperatur zwar steigender, aber kaum 15% überschreitender Schrumpf beobachtet [21]. Einen Schrumpf ähnlicher Größenordnung erhält man, wenn man den Faden in einer inerten Flüssigkeit wie Siliconöl allmählich erwärmt (Bild 2). Etwas höhere Schrumpfwerte bei gleicher Temperatur sind mit quellenden Medien, z. B. Wasser [21] oder Wasserdampf, zu erreichen. Extrem stark (um $\gtrsim 50\%$) schrumpft (unter entsprechender Vergrößerung des Querschnitts) ein gereckter, jedoch nicht thermofixierter Polyamidfaden dann (Bild 2), wenn er rasch in eine Flüssigkeit möglichst hoher Temperatur getaucht wird. Nach einer Abschätzung des Wärmeübergangs (s. Anhang) erfolgt dabei ein Aufheizen des Fadens in ca. 30 ms von 20 auf 200 °C, außen geringfügig schneller als innen. Die Erhitzungsgeschwindigkeit hat also die Größenordnung $\gtrsim 6000$ grd/s.

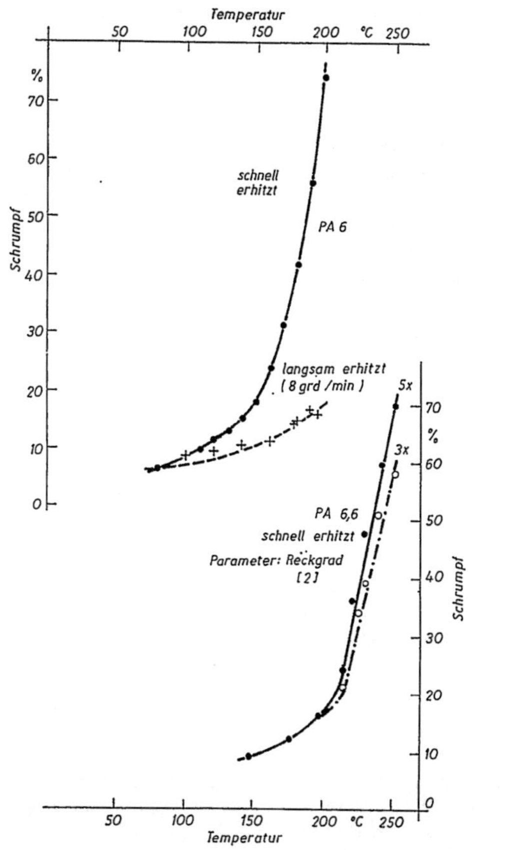

Bild 2. Schrumpf kaltgereckter PA-Fäden in Abhängigkeit von der Schrumpftemperatur für verschiedene Erhitzungsgeschwindigkeiten

Eine Abhängigkeit des Schrumpfes von der Temperzeit zwischen 15 und 120 s konnte nicht festgestellt werden. Da Voraussetzung des hohen Schrumpfes die kurze Erhitzungszeit ist, darf auch vermutet werden, daß der Schrumpf selbst in ebenso kurzer Zeit erfolgt.

Vergleicht man die Schrumpfabhängigkeit von der Schrumpftemperatur bei Polyamid 6 mit der bei Polyamid 6.6 nach [2], die auch von uns reproduziert wurde (Bild 2), so zeigt sich, daß ein vergleichbarer Schrumpf bei Polyamid 6 bereits bei um etwa 50 grd tieferen Temperaturen einsetzt als bei Polyamid 6.6.

Tabelle 1. Maximaler Schrumpf nach Tempern von gereckten Polyamid 6

Temperbedingung	Temperzeit min	% Maximalschrumpf bei raschem Erhitzen auf 200 °C
Siliconöl, 200 °C	0	52,7
	1	42,0
Probenlänge	2	34,5
konstant	3	23,7
ges. Wasserdampf 105 °C (techn. thermofixiert)		25,7
Siliconöl (22···199 °C) Heizrate 6,5 grd/min Probe um 15% frei geschr.	27	1,0

Die hohe Schrumpfbarkeit bei raschem Erhitzen nimmt nach vorhergehendem Tempern der gereckten Fäden ab (Tabelle 1).

3.2. Änderung mechanischer Eigenschaften beim Schrumpfen

Die Dehnbarkeit der Fäden (Bild 3a) hat bei solchem extremen Schrumpfen stark *zu-* und nicht etwa abgenommen, wie *Dismore* und *Statton* [1] angeben. Thermische Schädigungen der Faser (Kettenlängenabbau), die zu einer Verminderung der Reißdehnung führen, lassen sich durch Begrenzen der Gesamterhitzungsdauer (20 s) vermeiden.

Die typische Veränderung der σ, ε-Charakteristik tritt bereits — wenn auch in schwächerem Grade — bei milderen Schrumpfprozessen auf. Aus Bild 3a ist zu ersehen, daß sich die σ, ε-Kurven je nach Größe des vorausgegangenen Schrumpfes in eine Reihe zunehmender Abflachung einordnen lassen. Differenziert man die Kurven (Bild 3b), so erkennt man deutlich, daß mit stärkerem Schrumpf sich der Punkt größter Steilheit (Maximum d_σ/d_t) zu größeren Dehnungen verlagert und das Modulmaximum abnimmt, ja schließlich völlig verschwindet.

Bei Wiederholung einer stärkeren Dehnbeanspruchung (um 30%) ist eine teilweise Wiederherstellung der σ, ε-Charakteristik des ungeschrumpften Materials um

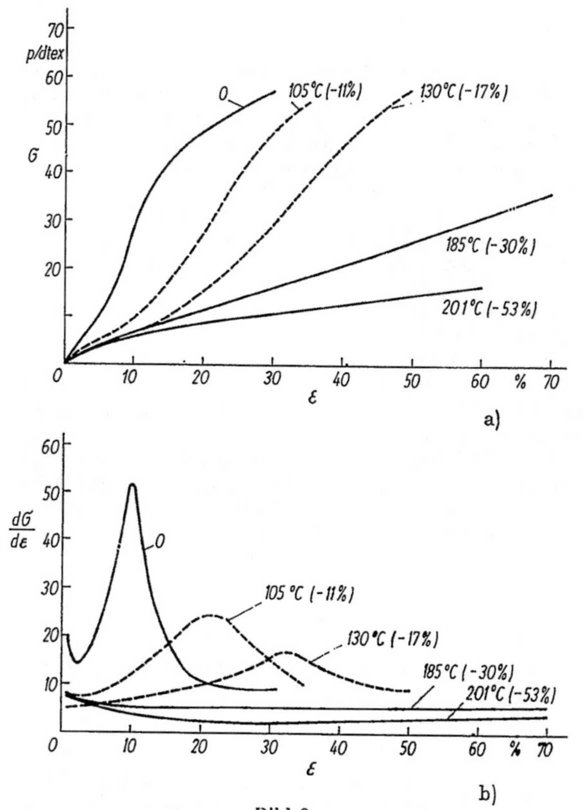

Bild 3.

a: σ, ε-Kurven
b: Differenzierte σ, ε-Kurven } bei 1. Belastung
von PA-6-Fäden nach unterschiedlichem Schrumpf bei verschiedenen Behandlungen
(0 = Ausgangsmaterial,
– – – – in Sattdampf geschrumpft
——— durch Ölimmersion geschrumpft
Parameter: Temperatur (Schrumpf)

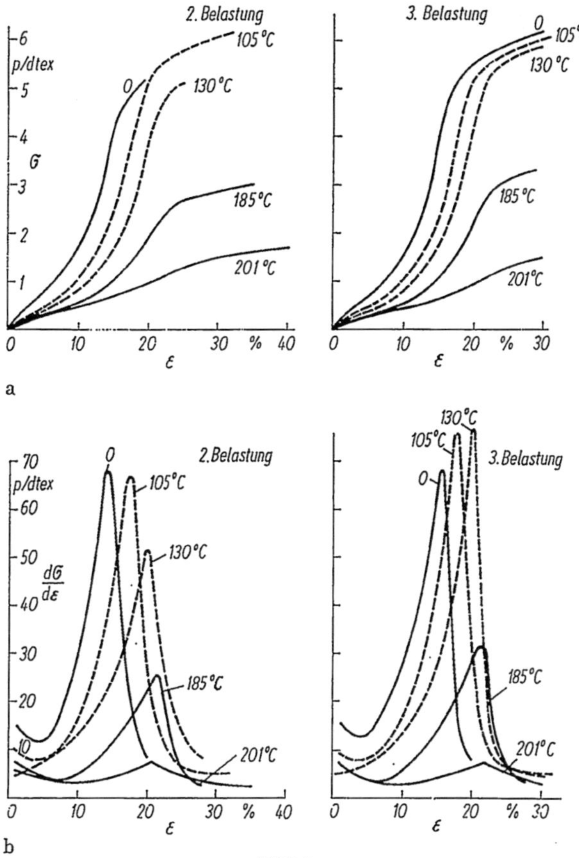

Bild 4.

a: σ, ε-Kurven
b: Differenzierte σ, ε-Kurven } bei 2. und 3. Belastung
von PA-6-Fäden nach unterschiedlichem Schrumpf bei verschiedenen Behandlungen
(0 = Ausgangsmaterial, – – – – – in Sattdampf geschrumpft, ———— durch Ölimmersion geschrumpft)
Parameter: Temperatur

so mehr möglich, je kleiner der Schrumpf war (Bilder 4a und b). Der Schrumpfvorgang ist also bis zu einem gewissen Grade wieder rückgängig zu machen.

Neben einem Rückgang des differentiellen Moduls (Bild 3b) ist auch eine erhebliche Abnahme des dynamischen E-Moduls (bei Schallfrequenz) zu beobachten (Bild 5, Tabelle 2), wie für PA 6.6 auch bereits von *Dismore* und *Statton* [1] festgestellt wurde.

3.3. Strukturänderungen beim Schrumpfen

Der Übersichtlichkeit halber sind sämtliche Strukturdaten einschließlich der Dichtewerte, der Doppelbrechung und des dynamischen E-Moduls für zwei Schrumpfversuche in Tabelle 2 zusammengestellt. Die starke Abnahme der Reflexbreiten (im Weitwinkeldiagramm) ist im wesentlichen auf ein Kristallitwachstum, z. T. aber auch auf eine Verbesserung der Kristallqualität, die im Intensitätsverhältnis I_{020}/I_{200} zum Ausdruck kommt, zurückzuführen. Dabei hat die Kristalldichte zugenommen, was sich auch in einem Anstieg der Bruttodichte bemerkbar macht. In den geschrumpften Proben liegt fast ausschließlich die stabile α-Modifikation des PA 6 vor, wie das Intensitätsverhältnis I_{002}/I_{200} anzeigt.

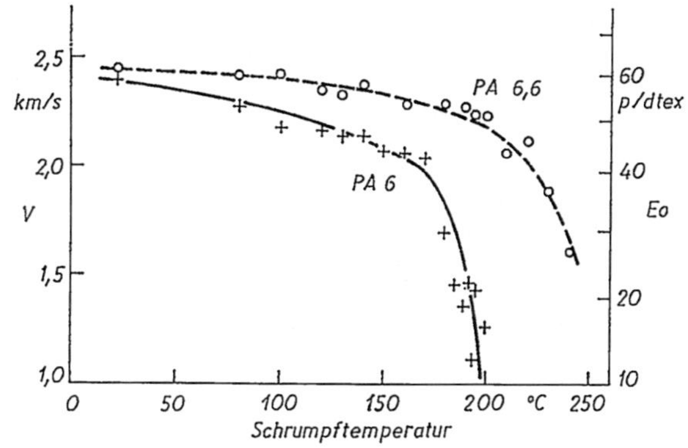

Bild 5. Schallgeschwindigkeit (v) und aus ihr berechneter dynamischer E-Modul E_0 geschrumpfter PA-6.6-[1] und PA-6-Fäden in Abhängigkeit von der Schrumpftemperatur bei schnellem Erhitzen

Im Verhältnis zu dem starken Schrumpf ist die Kristallitorientierung nur wenig zurückgegangen, ebenso die Lichtdoppelbrechung.

Die Zunahme der Intensität der Kleinwinkelstreuung nach dem Schrumpfen beruht auf der Dichtezunahme der kristallinen Bereiche, während die amorphe Dichte und der kristalline Anteil unverändert bleiben. Ein qualitativ übereinstimmendes Ergebnis liefert die *Cvankin*/*Buchanan*-Analyse [15, 16].

4. Diskussion

4.1. Zur Struktur gereckter (nicht geschrumpfter) PA-Fäden

Auf Grund der nur relativ schwach angedeuteten Langperiode im Röntgen-Kleinwinkeldiagramm kann davon ausgegangen werden, daß der kaltgereckte Faden noch keine sehr ausgeprägte Zweiphasenstruktur besitzt [1, 22, 23]. Erhitzt man ihn so schnell, daß ein monotones Kristallisieren während der Aufheizzeit weitgehend ausgeschlossen wird, so kann man aus der Schrumpfabhängigkeit von der maximal erreichten Temperatur auf die unterschiedliche Stabilität und Größe vorhandener parakristalliner Anordnungen schließen.

Wäre der gereckte Faden in keiner Weise kristallin, so müßte beim Erhitzen im Einfrierbereich, in dem die als Netzstellen wirkenden Wasserstoffbrücken aktiviert werden, die vorhandene Orientierung durch Rückknäueln der Molekülsegmente unter makroskopischem Schrumpf rückgängig zu machen sein. Eine aus stabilen Kristalliten und nichtkristallisierten Bereichen als streng getrennten Phasen bestehende, orientierte Faser sollte nur im Einfriergebiet begrenzt schrumpfen, bei weiterer Temperatursteigerung jedoch keinen zusätzlichen Schrumpf zeigen bis zum Schmelzpunkt der Kristallite [24]. Ein mit der Temperatur oberhalb der Einfriertemperatur (hier ca. 80 °C bei PA 6 bzw. 90 °C bei PA 6.6) noch stetig zunehmender Schrumpf deutet auf eine Verteilung unterschiedlich großer, präkristalliner Aggregate und Kristallite [24] in einer nichtkristallinen Matrix, die sich durch die zu ihrer Auflösung benötigte thermische Energie unterscheiden.

Es ist anzunehmen, daß die bei solcher Temperatur beweglich gewordenen Molekülsegmente aus noch nicht hinreichend stabilisierten Aggregaten sich unter makro-

Tabelle 2. Strukturdaten von gerecktem und thermisch geschrumpftem Polyamid 6

Vorbehandlung: „kalt" gereckt		Beispiel 1 3,6×		Beispiel 2 3,9×	
Schrumpf in % bei 200 °C			55		70
dyn. E.-Modul in p/dtex		45		54	12
hieraus ber. Bruttoorientierung $\cos^2 \vartheta_m$		0,847		0,872	(0,422)
Lichtdoppelbrechung[4]) $10^3 \Delta n$				53	50
makroskopische Dichte ϱ in g/cm³		1,140	1,158	1,141	1,158
Röntgen-Weitwinkelstreuung[5])					
Interferenzlage	(200)	10,1°	10,1°	10,2°	10,2°
	(020)	11,3°	11,95°	11,4°	12,1°
Interferenzhalbwertsbreite	(200)	1,4°	1,0°	1,3°	0,5°
	(020)	1,7°	1,0°	1,8°	0,8°
Interferenzabstand	$\Delta\theta = (020) - (200)$	1,2°	1,85°	1,2°	1,9°
aus $\Delta\theta$ ber. Kristallitdichte ϱ_c in g/cm³		1,1825	1,2115	1,1825	1,2140
Intensitätsverhältnisse	I (020)/I (200)	1,14	1,32	1,2	1,4
	I (002)/I (200)	0,130	0,0565	0,06	
Kristallitorientierung:					
1/2 azimutale Halbwertsbreite	(200)	7,8°	10,8°	6,75°	8,0°
	(020)	7,6°	10,8°	6,6°	8,8°
Röntgen-Kleinwinkelstreuung					
Langperiode L in Å		72,5	116	72,5	
Intensität im Maximum (rel. Einh.)		1,3	12,2		
mittl. Schwankungsquadrat der Dichte: $\Delta\varrho^2 = (\varrho_c - \varrho)(\varrho - \varrho_a)$ in 10^{-3} (g/cm³)²		2,75	4,42		
reduzierte Durchschußlänge in Å		16	37		
ber. Dichte der nichtkristallinen Bereiche ϱ_a in g/cm³		1,075	1,075		
Volumanteil der Kristallite $w_c = \frac{\varrho - \varrho_a}{\varrho_c - \varrho_a} 100$ in %		60,3	60,6		
ber. mittl. Kristallitdicke $L_c = w_c L$ in Å		43,7	70,3		
mittl. Dicke der nichtkristallinen Bereiche $L_a = L - L_c$ in Å		28,8	45,7		

[4]) Messungen im Labor Dr. *Klee*, Ing.-Bereich Angewandte Physik/Dormagen.
[5]) Messungen im Röntgen-Labor Dr. *Prietzschk* des Wissenschaftlichen Labors der Fasersparte der Farbenfabriken Bayer AG

skopischem Schrumpf neu ordnen. Je schneller dabei eine höhere Temperatur erreicht wird, um so weniger kann eine Stabilisierung bei tieferer Temperatur vor sich gehen und das Aufschmelzen größerer Bereiche verhindern [23]. Die nicht aufschmelzbaren, stabileren Kristallite sind die Kerne, die zu größeren Kristallbereichen wachsen, wobei ihre durch das Recken zustande gekommene Orientierung bei dem Zusammenschrumpfen des Gefüges nicht allzu sehr beeinträchtigt wird.

Die Existenz noch relativ unstabilisierter Kristallite im gereckten Faden geht auch aus dem Versuch von *Arakawa* u. a. [25] hervor, die zur Kristallisation durch Wasserstoffbrückenbildung beitragenden zugänglichen NH-Gruppen durch Methoxymethylierung zu blockieren. Nach solcher Behandlung wurde für gerecktes PA 6 ein Schmelzpunkt von 195 °C gefunden [25], der den noch kleinen (etwa 30 bis 40 Å dicken) Kristalliten zuzuordnen ist, während der Schmelzpunkt des idealen α-Kristalls sich durch Extrapolation für unendlich große Dicke zu 260 °C ergibt [26]. Die größere Stabilität des PA 6.6 bei spannungsfreiem Erhitzen, ein erst bei höherer Temperatur einsetzender vergleichbarer Schrumpf lassen vermuten, daß PA 6.6 wegen der fehlenden Polarität seines Moleküls energetisch günstigere, physikalische Vernetzungen ausbildet. Darauf deutet auch die höhere Einfriertemperatur der nichtkristallinen Teile des PA 6.6 gegenüber derjenigen des PA 6 [26, 27].

Wenn der gereckte Faden auch noch keine streng periodische Kolloidstruktur aus kristallinen und weniger geordneten Bereichen besitzt, so muß letzteren doch auf Grund des Röntgen-Kleinwinkelbefundes und wegen einer reversiblen Fadendehnbarkeit von etwa 10% [5] eine gewisse räumliche Längsausdehnung zugebilligt werden. Beim Dehnen ist zunächst eine Entknäuelung der nicht kristallisierten Molekülsegmente anzunehmen. Dabei werden die kürzesten und mit weiterem Dehnen auch längere „tie-Moleküle" zwischen benachbarten Kristalliten *gespannt*. Je nach der Verteilungsfunktion der Längen interkristalliner Kettensegmente werden sie mehr oder weniger zur Rückstellkraft beitragen [5, 23, 28, 29]. Umgekehrt läßt die maximale Höhe des beim Dehnen auftretenden Moduls [5] auf die relative Häufigkeit und Längenverteilung solcher „tie-Moleküle" schließen.

4.2. *Zur Struktur geschrumpfter PA-Fäden*

Die erhebliche Verschärfung und Intensitätssteigerung der Röntgen-Kleinwinkelstreuung sowie die im Weitwinkeldiagramm erkennbare Kristallvergütung lassen im heißgeschrumpften Faden eine stärker ausgebildete *Zweiphasenstruktur* annehmen. Sie entwickelt sich mehr oder weniger vollkommen bei allen Temperprozessen [22, 25, 31, 32]. Im untersuchten Falle sind nicht nur die Kristallite gewachsen, wozu natürlich auch die fast 20 s Tempern dicht unterhalb der Schmelztemperatur nach dem Aufheizvorgang beigetragen haben mögen; auch die Ausdehnung der nichtkristallinen Bereiche hat zugenommen. Der nach Schrumpf zu beobachtende Anstieg der Substanzdehnbarkeit dürfte auf Knäuelung und Desorientierung der nicht kristallin gebundenen Molekülsegmente beruhen. Das beobachtete Ausmaß der Desorientierung von Kristalliten kann nur zu einem kleinen Teil des makroskopischen Schrumpfes beitragen.

Bei einer Diskussion der starken Abnahme des dynamischen E-Moduls E_0 ist nun zu berücksichtigen, daß dieser gemäß Gleichung (6) außer vom Orientierungsgrad noch vom E-Modul $E_\perp$ für Beanspruchung senkrecht zur Kettenrichtung abhängt, wo neben *van der Waals*-Kräften Wasserstoffbindungen als zwischenmolekulare Kräfte wirken. Die physikalische Vernetzung durch intermolekulare H-Brücken zwischen CO- und NH-Gruppen ist dann am günstigsten, wenn benachbarte Kettensegmente möglichst störungsfrei, d. h. wie in den Volumenelementen eines Idealkristalls, angeordnet sind. Dies ist nun in den zwischenkristallinen Teilen geschrumpfter Fäden kaum der Fall. *Koshimo* [33] gibt schon bei in Sattdampf von 105 °C geschrumpften PA-6-Fäden einen Rückgang der effektiven Vernetzungsdichte etwa um den Faktor 4 an. Auf Grund der molekularen Lockerung dieser Bereiche ist für sie auch eine vergrößerte Wasseraufnahmefähigkeit zu erwarten. Zwischen die Polymerketten eindringende Wassermoleküle [14] stören zusätzlich die Ausbildung intermolekularer H-Brücken; hierauf beruht die Moduldispersion mit zunehmendem Wassergehalt [12, 13].

Für geschrumpfte Fäden ist sowohl eine Abnahme der Orientierung als auch eine Senkung der Querkräfte in den nichtkristallinen Bereichen anzunehmen. Das würde den stark erniedrigten E-Modul plausibel machen. Würde man ihn allein auf extreme Desorientierung zurückführen, so käme man auch in Schwierigkeiten mit dem Befund der Lichtdoppelbrechung, die bei dem starken Schrumpf verhältnismäßig erhalten geblieben ist. Erst nach Vorliegen eines sicheren Wertes für $E_\perp$ kann aus der E_0-Messung eine quantitative Aussage über die Restorientierung gegeben werden.

Die aus der Röntgen-Kleinwinkelstreuung berechnete Dichte der nichtkristallinen Bereiche liefert einen Hinweis auf die dortige Packungsdichte der Ketten. Sei die in einem Einheitszylinder der nichtkristallinen Bereiche enthaltene Masse $N_0 k_0$ vor dem Faserschrumpf, bzw. $N \cdot k$ nach diesem, wo N_0, N die Anzahl Ketten pro Querschnittseinheit und k_0, k deren Massen pro Längeneinheit bezeichnen, so gilt wegen der festgestellten unveränderten Dichte ϱ_a beim Schrumpfen:

$$N_0 k_0 = N k;$$

$$\frac{N}{N_0} = \frac{k_0}{k}, \qquad (12)$$

d. h., die Zahl der Ketten pro Querschnitt der nichtkristallinen Teile muß bei dem starken Probenschrumpf kleiner geworden sein; diese Abnahme wird durch die Knäuelung derart kompensiert, daß die mittlere Dichte näherungsweise erhalten bleibt.

Dieser Befund einer Abnahme der Kettendichte zwischen den Kristalliten sowie die Aussage des σ, ε-Diagramms über ein Nachlassen des Dehnwiderstandes und der Festigkeit lassen einen Rückgang der durchgehenden Ketten plausibel erscheinen. Das würde bedeuten, daß die Kettenrückfaltungen an den Kristallitendflächen zugenommen haben, wie auch von *Dismore* und *Statton* [1] angenommen wurde. Offenbar reicht die molekulare Beweglichkeit in den nichtkristallinen Bereichen bei Temperaturen dicht unterhalb des Schmelzpunktes aus, solche Umordnungen in kurzer Zeit zu ermöglichen. Das von *Dismore* und *Statton* [1] vorgeschlagene Strukturmodell ist hinsichtlich der Bildung größerer Kristall-Lamellen zu akzeptieren. Die nichtkristallinen Bereiche sollten jedoch ausgedehnter und die in ihnen befindlichen Molekülsegmente stärker geknäuelt angenommen werden (Bild 6), um die größere Dehnbarkeit der geschrumpften Fäden erklären zu können.

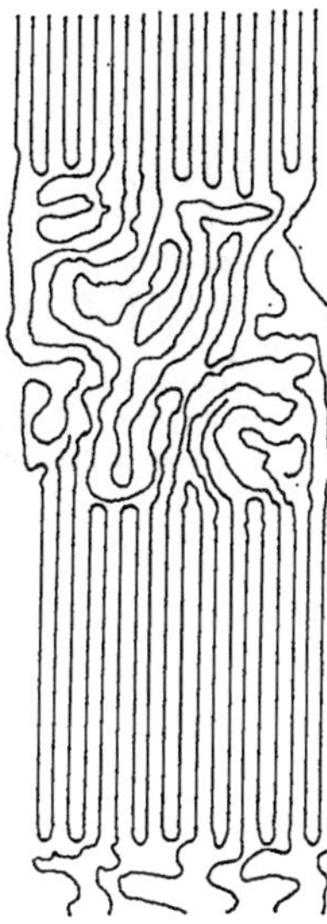

Bild 6. Strukturvorschlag für hochgeschrumpfte PA-Fäden (schematisch)

Wenn auch bei tieferen Temperaturen die molekulare Beweglichkeit herabgesetzt ist, so ist im Prinzip jedoch die gleiche Umordnungstendenz zu erwarten, besonders wenn Wasserdampf als quellendes Medium benutzt wird. Das besagen die Befunde an in Sattdampf geschrumpften Proben, deren Dehnbarkeit und Farbstoffaufnahmefähigkeit [30] dabei zunehmen, während die Kristallinität und die Langperiodenintensität ebenfalls — wenn auch nicht so stark wie bei schnellem Erhitzen auf höhere Temperatur — ansteigen [31].

Eine niedrigere Aufheizrate läßt eine (monotone) Kristallisation und damit Stabilisierung schon innerhalb der Aufheizphase [23] zu, so daß extremes Ausschrumpfen verhindert wird. Dabei wird eher die Struktur des gereckten Fadens fixiert. Es sind also beim Erhitzen stets zwei Vorgänge beteiligt, die sich auch im technischen Bereich je nach den angewandten Bedingungen mehr oder weniger überlagern: die Befestigung der vom Recken herrührenden Struktur und die Entmischungstendenz zu zwei getrennten Phasen.

Herrn Prof. Dr. *R. Bonart* sei für anregende Diskussionen gedankt.

Zusammenfassung

Löst man den Schrumpf gereckter PA-6-Fäden durch Tauchen in eine Flüssigkeit (hier Siliconöl) höherer Temperatur aus, so erfolgt die Erwärmung des Fadens so rasch, daß eine monotone Rekristallisation während der Aufheizphase kaum Zeit findet. Der in Abhängigkeit von der Schrumpftemperatur festgestellte Schrumpf spiegelt daher in einem gewissen Umfang die unterschiedliche thermische Stabilität der im gereckten Faden gebildeten parakristallinen Anordnungen (im weitesten Sinne) wider. Nach den relaxationsfähigen, nichtkristallinen Segmenten werden sich die bei der erreichten Temperatur noch nicht stabilen, parakristallinen Anordnungen auflösen und durch Knäuelung der freiwerdenden Segmente zum Schrumpf beitragen, während die stabileren Kristallite gleichsam Keime weiterer Ankristallisation darstellen.

Beim Schrumpfen dicht unterhalb des makroskopischen Schmelzpunktes entstehen neben besser geordneten und vergrößerten Kristall-Lamellen stark durch Desorientierung und Knäuelung gelockerte zwischenkristalline Bereiche, deren Anteil durchgehender Ketten zurückgegangen zu sein scheint. Die Tendenz zu solcher Phasenentmischung ist auch bei tieferen Schrumpftemperaturen vorhanden, doch wird das tatsächlich erreichte Ausmaß durch mangelnde thermische Beweglichkeit und, falls weniger schnell erhitzt wird, auch durch innerhalb der Temperzeit mögliche, monotone Kristallisation eingeschränkt.

Anhang

Abschätzung des Temperaturausgleichs in einem PA-6-Faden nach Tauchen in heißes Siliconöl

Es ist eine numerische Lösung der Differentialgleichung

$$\frac{\partial \vartheta}{\partial t} = a_s \Delta \vartheta \tag{13}$$

für die nichtstationäre, eindimensionale Wärmeleitung mit der Anfangsbedingung

$$\vartheta = \vartheta_c = \text{const. für } t = 0 \tag{14}$$

und der Randbedingung

$$-\lambda_s \left(\frac{\partial \vartheta}{\partial r}\right)_R = \alpha \vartheta_R \tag{15}$$

zu suchen. ϑ sei hier die Temperaturdifferenz zwischen Faden und Umgebung, r die radiale Koordinate, der Index R kennzeichne die Wand zur Umgebung; a_s, λ_s, α sind Konstanten folgender Bedeutung [34]:

$$\text{Temperaturleitfähigkeit des Fadens } a_s = \frac{\lambda_s}{\varrho_s c_s}, \tag{16}$$

Wärmeleitfähigkeit λ_s (ϱ Dichte, c spezifische Wärme bei konstantem Druck),

Wärmeübergangszahl α.

Für einen unendlich langen Kreiszylinder des Radius R lautet die Lösung [34]:

$$\frac{\vartheta}{\vartheta_c} = \sum_{K=1}^{\infty} \frac{2 J_1(\mu_K)}{\mu_K [J_0^2(\mu_K) + J_1^2(\mu_K)]} e^{-\mu_K^2 \mathrm{Fo}} J_0\left(\mu_K \frac{r}{R}\right)$$

mit J_0, J_1 *Bessel*-Funktionen 0. bzw. 1. Ordnung,
μ_K Eigenwerten der transzendenten Gleichung

$$\mu J_1(\mu) = \mathrm{Bi}\, J_0(\mu), \tag{17}$$

$$\text{der } \textit{Fourier}\text{-Zahl } \mathrm{Fo} = \frac{a_s t}{R^2} \tag{18}$$

als dimensionslosem Zeitmaßstab und der

$$\textit{Biot}\text{-Zahl } \mathrm{Bi} = \frac{\alpha R}{\lambda_s}, \tag{19}$$

die den endlichen Wärmeübergang von der Heizflüssigkeit in die Probe berücksichtigt.

Der Wärmeübergang wird durch die geometrischen Dimensionen, die Strömungsverhältnisse und die Wärmeleitfähigkeit der Heizflüssigkeit bestimmt. Beim Eintauchen des Fadens, der als Kreiszylinder beschrieben sei, entsteht eine Querströmung der Flüssigkeit relativ zum Faden, näherungsweise charakterisiert durch die konstante Geschwindigkeit w. Für den Fall solcher Querströmung um einen Zylinder ist dem VDI-Wärmeatlas [35] zu entnehmen:

$$\alpha = 0{,}99 \cdot \frac{\lambda_f}{2R} \mathrm{Pr}^{0,31} \cdot \mathrm{Re}^{0,33} \tag{20}$$

mit der

$$\textit{Prandtl}\text{-Zahl } \mathrm{Pr} = \frac{\nu}{\alpha_f} = \frac{\nu}{\lambda_f} \varrho_f c_f \tag{21}$$

und der

$$\textit{Reynolds}\text{-Zahl } \mathrm{Re} = \frac{2Rw}{\nu} \tag{22}$$

(ν = kinematische Zähigkeit).

Der Index f wird zur Unterscheidung der Stoffwerte der Flüssigkeit von denen des festen Körpers (Index s) eingeführt.

Die Funktionen ϑ_R/ϑ_c ebenso wie die Funktionen ϑ_0/ϑ_c, wo o sich auf die Achse des Zylinders ($r = 0$) bezieht, sind für Fo (als Zeitmaßstab) und Bi als Parameter in [34] tabelliert.

Mit dem untersuchten Fall entsprechenden Zahlenwerten für den Fadendurchmesser

$$2R = 50 \cdot 10^{-4}\ \text{cm},$$

die Temperaturen 20 °C (Faden), 200 °C (Öl), $\vartheta_c = 180$ °C, der Strömungsgeschwindigkeit $w = 10$ cm/s sowie den Stoffwerten der Tabelle 3

Tabelle 3. Stoffwerte von PA 6 und Siliconöl „Bayer M 100" [36]

Materialkenngröße	Symbol	Dimension	(s) Faden (20 °C)	(f) Siliconöl (200 °C)
makroskopische Dichte	ϱ	g/cm³	1,14	0,82
spezifische Wärme	c	cal/g grd	0,5 [37]	0,41
kinematische Viskosität	ν	cm²/s	—	$16 \cdot 10^{-2}$
Wärmeleitfähigkeit	λ	cal/cm s grd	$0{,}67 \cdot 10^{-3}$ [37]	$0{,}33 \cdot 10^{-3}$
Temperaturleitfähigkeit	$a = \frac{\lambda}{\varrho \cdot c}$	cm²/s	$1{,}17 \cdot 10^{-3}$	$0{,}99 \cdot 10^{-3}$

errechnet sich nach Gleichung (20) eine Wärmeübergangszahl

$$\alpha \approx 0{,}99 \frac{0{,}99 \cdot 10^3}{50 \cdot 10^{-4}} 0{,}31^{0{,}33} \cdot 161^{0{,}31} \approx 0{,}21 \text{ cal/cm}^2\text{s grd.}$$

Mit den weiter aus (18) und (19) berechneten Werten für Fo und Bi ergibt sich aus [34], daß ein praktischer Temperaturausgleich gemäß $\vartheta/\vartheta_c = 2 \cdot 10^{-3}$, d. h. $\vartheta \approx 0{,}4\,°C$, für $r = \begin{cases} 0 \\ R \end{cases}$ in 27 ms erreicht wird.

Literatur

[1] *Dismore, P. F.*, und *Statton, W. O.*: Chain folding in oriented Nylon 66 fibers. J. Polymer Sci., C: Polymer Symposia (1966) 13, S. 133—148.

[2] *Dumbleton, J. H.*, und *Buchanan, D. R.*: Annealing experiments on drawn nylon 66 fibers. J. Polymer Sci., A-2: Polymer Physics **6** (1968) S. 1527—1533.

[3] *Bonart, R.*: Kolloidstrukturen in verstreckten Hochpolymeren, Kolloid-Z. u. Z. Polymere **211** (1966) 1/2, S. 14—33.

[4] *Morgan, H. M.*: Correlation of molecular orientation measurements in fibers by optical birefringence and pulse velocity methods. Textile Res. J. **32** (1962) S. 866 bis 868.

[5] *Schultze-Gebhardt, F.*: Zur Dehnungsabhängigkeit des E-Moduls verstreckter Polyamid-6-Fäden. Kolloid-Z. u. Z. Polymere **236** (1970) 1, S. 19—30.

[6] *Moseley, jr., W. W.*: The measurement of molecular orientation in fibers by acoustic methods, J. appl. Polymer Sci. **3** (1960) 9, S. 266—276.

[7] *Ward, I. M.*: Optical and mechanical anisotropy in crystalline polymers. Proc. physical. Soc. **80** (1962) S. 1176 bis 1188.

[8] *Ward, I. M.*: The correlation of molecular orientation parameters derived from optical birefringence and sonic velocity methods. Textile Res. J. **34** (1964) S. 806—807.

[9] *Nosov, M. P.*, und *Osinin, S. G.*: Akustische Methode zur Untersuchung der molekularen Orientierung von Faserstoffen. Vysokomol Soed. (Hochmol. Verbind.) **8** (1966) 5, S. 829—833; dt. in: Sowj. Beitr. Faserforsch. Textiltechnik **3** (1966) 9, S. 475—478; engl. in: Polymer Sci. USSR **8** (1966) **5**, S. 910—915.

[10] *Meredith, R.*: The torsional rigidity of textile fibres, J. Textile Inst. **45** (1954) 7, S. T 489—T 503.

[11] *Treloar, L. R. G.*: Calculations of elastic moduli of polymer crystals: I. Polyethylene and Nylon 66. Polymer, London **1** (1960) S. 95—103.
Lyons, W. J.: Theoretical values of the dynamic stretch moduli of fiber-forming polymers. J. appl. Physics **29** (1958) 10, S. 1429—1433.

[12] *Becker, G. W.*, und *Oberst, H.*: Über das dynamisch-elastische Verhalten von Polyamiden und Polyurethanen in Abhängigkeit von Frequenz, Temperatur und Wassergehalt. Kolloid-Z. **152** (1957) 1, S. 1—8.

[13] *Schultze-Gebhardt, F.*: Unveröffentlichter Bericht der Farbenfabriken Bayer A. G., Dormagen, 4. 9. 1969.

[14] *Puffr, R.*, und *Sebenda, J.*, On the structure and properties of polyamides. 27. The mechanism of water sorption in polyamides, J. Polymer Sci., C: Polymer Symposia (1967) 16, S. 79—93.

[15] *Cvankin, D. Ja.*: Diffraktion am linearen System von Kristalliten. Große Perioden in Polymeren. I. II. Vysokomol. Soed. (Hochmol. Verbind.) **6** (1964) 11, S. 2078—2082; 2083—2089; engl. in: Polymer Sci. USSR **6** (1964) S. 2304—2318.

[16] *Buchanan, D. R.*: Analysis of small-angle X-ray diffraction from polymers, J. Polymer Sci., A-2: Polymer Physics (1971) S. 645—658.

[17] *Porod, G.*: Die Röntgenkleinwinkelstreuung von dichtgepackten kolloidalen Systemen. Kolloid-Z. **124** (1951) S. 83—114; **125** (1952) S. 51—57; 108.

[18] *Kratky, O., Pilz, I.*, und *Schmitz, P. J.*: Absolute intensity measurement of small X-ray scattering by means of a standard sample, J. colloid. interface Sci. **21** (1966) S. 24—34.

[19] *Ruland, W.*: Small angle scattering of two-phase systems J. appl. Cryst. **4** (1971) S. 70—73; dort weitere Hinweise.

[20] *Mittelbach, P.*, und *Porod, G.*: Zur Röntgenkleinwinkelstreuung kolloider Systeme. Kolloid-Z. u. Z. Polymere **202** (1965) S. 40—49.

[21] *Schroth, R.*, und *Klein, E.*: Einfluß der Orientierung auf das Kristallisations- und Längenänderungsverhalten von Polyamidfäden. Faserforsch. u. Textiltechnik **17** (1966) 10, S. 466—470.

[22] *Fischer, E. W.*: Zusammenhänge zwischen der Kolloidstruktur kristalliner Hochpolymerer und ihrem Schmelz- und Rekristallisationsverhalten. Kolloid-Z. u. Z. Polymere **231** (1969) 1/2, S. 458—503.

[23] *Bonart, R.*, und *Schultze-Gebhardt, F.*: Struktur und Eigenschaften von verstreckten Polymeren (Fasern). Angew. makromol. Chemie **22** (1972) S. 41—86.

[24] *Bosley, D. E.*: Fiber length changes and their relation to fiber structure. J. Polymer Sci., C: Polymer Symposia (1967) 20, S. 77—107.

[25] *Arakawa, T., Nagatoshi, F.*, und *Arai, N.*: Melting behavior of drawn nylon 6. J. Polymer Sci., Polymer Physics **7** (1969) S. 1461—1472.

[26] *Illers, K. H.*, und *Haberkorn, H.*: Schmelzverhalten, Struktur und Kristallinität von 6-Polyamid. Makromol. Chemie **142** (1971) 3463, S. 31—67.

[27] *Dumbleton, J. H.*, und *Murayama, T.*: On the dynamic mechanical behaviour of nylon 66. Kolloid-Z. u. Z. Polymere **238** (1970) 1/2, S. 410—415.

[28] *Peterlin, A.*,: Bond rupture in highly oriented crystalline polymers. J. Polymer Sci., A-2: Polymer Physics **7** (1969) 7, S. 1151—1163.

[29] *Juilfs, J.*: Zur Deutung des Deformationsverhaltens von fadenförmigen partiell-kristallinen verstreckten Hochpolymeren. Kolloid-Z. u. Z. Polymere **241** (1970) S. 897 bis 908.

[30] *Tsuruta, M.*, und *Koshimo, A.*: Steam and heat setting of nylon 6 fiber. 2. Effects of heat setting of nylon 6 fiber on dyeability and fine structure. J. appl. Polymer Sci. **9** (1965) 1, S. 11—23.

[31] *Tsuruta, M.*, und *Koshimo, A.*: Steam and heat setting of nylon 6 Fiber. 5. Investigation of wide- and small-angle X-ray diffraction. J. appl. Polymer Sci. **9** (1965) 1, S. 39—44.

[32] *Kelley, R. N.*, und *Statton, W. O.*: Aspects of order during the deformation of nylon fibers. Textile Res. J. **39** (1969) 7, S. 662—666.

[33] *Koshimo, A.*: Steam and heat setting of nylon 6 fiber. 8. Viscoelastic and thermal behaviour of heat-set or γ-irradiated nylon 6 fiber. J. appl. Polymer Sci. **9** (1965) 1, S. 69—79.

[34] *Grigull, U.*: Temperaturausgleich in einfachen Körpern. Berlin/Göttingen/Heidelberg: Springer 1964.

[35] VDI-Wärmeatlas, Berechnungsblätter für den Wärmeübergang, hgg. vom Verein Deutscher Ingenieure, Düsseldorf 1963.

[36] Bayer-Silicone, Druckschrift der Farbenfabriken Bayer AG, Leverkusen 1966.

[37] Deutsches Jahrbuch für die Industrie der plastischen Massen. Hgg. von Dr.-Ing. *Karl Fabel*. Berlin-Wilmersdorf: Wilhem Pansegrau Verlag, Abt. der Westlichen Berliner Verlagsgesellschaft Heenemann K. G. 1951/52.

Eingegangen am 30. November 1971

Zur spektralfotometrischen Bestimmung von Xanthogenaten

Horst Dautzenberg, Jürgen Schumann und Burkart Philipp

Deutsche Akademie der Wissenschaften zu Berlin, Institut für Faserstoff-Forschung in Teltow-Seehof, und VEB Fotochemisches Kombinat Wolfen

DK 547.255:547.458.82:677.021.123.22:543.422.6.062:543.851:543.888

Durch systematische spektralfotometrische Messungen wurde für Äthylxanthogenat und Cellulosexanthogenat gezeigt, daß der für das Maximum der Xanthogenatbande bei 301 nm ermittelte Extinktionskoeffizient mit den Meßbedingungen variiert. Er hängt von der Spaltbreite des Fotometers, von der Xanthogenatkonzentration in der Meßlösung und vom Meßmedium ab. Für Cellulosexanthogenat ändert sich ε_{301} zusätzlich mit dem Reifezustand der Viskose, was in erster Linie durch eine unterschiedliche Verteilung der Xanthogenatgruppen zwischen den primären und sekundären Hydroxylgruppen der Cellulose bedingt zu sein scheint. Die Konsequenzen für die spektralfotometrische Xanthogenatbestimmung werden diskutiert.

О спектрофотометрическом определении ксантогенатов

Систематические спектрофотометрические измерения этилксантогената и ксантогената целлюлозы показали, что коэффициент поглощения в максимуме полосы поглощения ксантогената при 301 ммк изменяется в зависимости от условий измерений. Он зависит от ширины щели фотометра, от концентрации ксантогената в исследуемом растворе и от среды, в которой производятся измерения. Для ксантогената целлюлозы ε_{301} изменяется еще и в зависимости от зрелости вискозы, что, в первую очередь очевидно, связано с различным распределением ксантогенатных групп между первичными и вторичными гидроксильными группами целлюлозы. Обсуждаются последствия наблюдавшихся изменений для спектрофотометрического определения ксантогената.

Spectrophotometric Determination of Xanthates

Systematic spectrophotometric measurements of ethyl xanthate and cellulose xanthate revealed that the extinction coefficient determined for the xanthate band at 301 nm varies in dependence on the conditions of measurement. It depends on the slit width of the photometer, the concentration of xanthate and the medium used. With cellulose xanthate it is additionally affected by the degree of ripeness of viscose, obviously in consequence of the different distribution of xanthate groups between the primary and secondary hydroxyl groups of cellulose. The importance of these results for the spectrophotometric determination of xanthates is discussed.

1. Einführung

Zur Ermittlung des Xanthogenatgruppengehaltes (γ-Wert) von Viskosespinnlösungen setzt sich in zunehmendem Maße die auf grundlegenden Arbeiten von *Treiber* [1, 2], *Samuelson* und *Gärtner* [3] sowie *Phifer* u. Mitarb. [4, 5, 6] basierende Kombination von Ionenaustausch zur Entfernung der schwefelhaltigen Nebenprodukte und anschließender spektralfotometrischer Messung der Xanthogenatgruppenkonzentration der Reinxanthat-Lösung durch. Während über die Lage des Maximums der UV-Absorptionsbande des Xanthogenats unter Berücksichtigung der für analytische Routineuntersuchungen üblichen Genauigkeitsansprüche Übereinstimmung herrscht und dieses von allen Bearbeitern mit Werten in den engen Grenzen zwischen 301 und 303 nm angegeben wird, und zwar sowohl für Na-Cellulosexanthogenat wie für niedermolekulare Alkalixanthogenate, liegen die bisher veröffentlichten molaren Extinktionskoeffizienten ε für Na-Cellulosexanthogenat in dem weiten Bereich zwischen 14800 und 18700. Hierbei ist die Streubreite in den Werten eines einzelnen Autors meist recht gering, die Spannweite zwischen verschiedenen Arbeiten jedoch sehr hoch. Sie entspricht bis zu etwa 25% der nach $E = -\varepsilon \cdot c \cdot d$ aus dem gemessenen Extinktionswert E bei gegebener Schichtdicke errechneten Xanthogenatgruppenkonzentration. Tabelle 1 belegt diese erheblichen Unterschiede in ε anhand der Angaben verschiedener Autoren unter Mitverwendung eines vor einigen Jahren gegebenen Überblickes [7]. Soweit die große Spannweite der Werte solche Aussagen überhaupt erlaubt, wurden im Mittel für die niedermolekularen Modellxanthogenate etwas höhere molare Extinktionskoeffizienten gefunden als bei Cellulosexanthogenaten, wenn man hier die molare Konzentration an Xanthogenatgruppen zugrunde legt.

Als Ursache der großen Unterschiede in ε beim Vergleich verschiedener Arbeiten wurden bisher schon recht verschiedene Faktoren in Betracht gezogen, wie z. B. zu Dixanthogengruppierungen führende Oxydationsprozesse [20], der Einfluß von Schwermetallionen [6, 21] sowie in einer von späteren Bearbeitern zu wenig berücksichtigten Arbeit von *Krässig* u. Mitarb. [9] der Einfluß der Spaltbreite des Fotometers und der Xanthogenatkonzentration in der Meßlösung. Während nach *Elmgren* [8] die Höhe des γ-Wertes den Extinktionskoeffizienten nicht beeinflußt, stehen systematische Untersuchungen zur Auswirkung des Mediums in Verbindung mit möglichen Abweichungen vom *Lambert/Beer*schen Gesetz und zum Einfluß der Substituentenverteilung auf den Extinktionskoeffizienten des Cellulosexanthogenats noch aus. Es war das Ziel dieser Arbeit, unter analytischen Gesichtspunkten diese Lücke zu schließen, die Diskrepanzen zwischen den verschiedenen Literaturdaten aufzuklären und dabei zu grundsätzlichen Aussagen über Möglichkeiten und Grenzen der spektralfotometrischen γ-Zahl-Bestimmung als Routinemethode zu gelangen.

2. Bemerkungen zur Versuchsmethodik

Neben Cellulosexanthogenat (Cell-X) wurde als Modellsubstanz K-Äthylxanthogenat (KÄX) eingesetzt.

Die *Herstellung der K-Äthylxanthogenatlösungen* erfolgte durch Verdünnen einer ca. 0,01 molaren, in dem gewünschten Meßmedium (5 m und 0,1 m NaOH, 10%ige KOH in Äthanol, Phosphatpuffer pH = 8) unter Zusatz von 0,1% KCN als Antioxydans bereiteten Stammlösung auf Basis von Einwaagen, um Pipettierfehler zu vermeiden. Der Xanthogenatgehalt der Stammlösungen wurde durch potentiometrische Titration mit 0,1 m $HgCl_2$-Lösung ermittelt.

Zur *Herstellung der Na-Cellulosexanthogenatlösungen* gingen wir von einer nach dem klassischen Verfahren bereiteten Laborviskose aus (Vorhydrolysesulfatzellstoff; Vorreife auf Cuoxam-DP 280; Faserxanthogenierung mit 42% CS_2 während 70 min bei 25°C unter O_2-Ausschluß; Lösen bei allmählich auf +5°C abfallender Temperatur während 2 h zu einer Viskose mit 6,35% Cellulose und 6,2% Gesamt-

Tabelle 1. Literaturangaben zum molaren Extinktionskoeffizienten ε von Xanthogenaten

Substanz	λ [nm]	ε [l mol⁻¹ cm⁻¹]	Literaturzitat
Polymere Xanthogenate			
Cell-X	302	14800	*Schauenstein, Treiber* [1]
Cell-X	303	15800 ± 270	*Samuelson, Gärtner* [3]
Cell-X	303	15940 ± 450	*Dux, Phifer* [4]
Cell-X	302	14790 ± 385	*Elmgren* [8]
Cell-X	301	15940···18660	*Andrews, Hurtibise, Krässig* [9]
Cell-X	303	17508	*Tunc, Bampton, Muller* [10]
Cell-X	303	15900	*Phifer, Bell* [5]
Cell-X	300···303	15100···15500	*Joedodibroto, Rånby* [11]
Cell-X	303	16400	*Jost, Ludwig* [12]
Cell-X	301	17500	*Hovenkamp* [13]
Polyvinylalkohol	302	15000···20000	*Dautzenberg, Philipp* [14]
		⌀ 16800	
Niedermolekulare Xanthogenate			
Xanth. verschiedener prim. u. sek. Alkohole	302	14800	*Schauenstein, Treiber* [1, 2]
KÄX	301	17540···20630	*Andrews, Hurtibise, Krässig* [9]
KÄX	303	17750	*Tunc, Bampton, Muller* [10]
KÄX in H_2O + 50% C_2H_5OH	301,5	18330	*Maurice, Mulder* [15]
KÄX in H_2O + 50% C_2H_5OH + 0,05 m KOH	301	17420	*Maurice, Mulder* [15]
KÄX in 0,02 m NaOH	301	17820	*Maurice, Mulder* [15]
K-Methylx.	301···303	⌀ 17090	*Geiger, Nobs, Halasz* [16]
KÄX	302	17420	*Klein, Borsage, Norman* [17]
niedermolekulare Xanthogenate	302	17000	*Echlakova, Okolovic, Plaksin* [18]
KÄX	301	17100 ± 250	*Treiber* [7]
KÄX	304···305	13700···15810	*Kitamura, Ichikawa, Tanaka* [19]

NaOH), die im Kühlschrank (+1 bis +4°C) gereift und mit γ-Werten von 58,7 und 56,4 für die Meßreihen I und II eingesetzt wurde. Ein Teil dieser Viskose wurde mit 50% CS_2 3 h bei 20°C nachsulfidiert zu einem γ-Wert von 88 und dieser hochsulfidierte Ansatz sowohl in frischem Zustande mit einem γ-Wert von 85 (Meßreihe III) als auch nach Abreifen bei 20°C auf einen γ-Wert von 50 (Meßreihe IV) für die Untersuchung verwendet. Schließlich wurde ein Teil der Ausgangsviskose bis zum γ-Wert von 30 bei 20°C abgereift und durchgemessen (Meßreihe V). Zur Bereitung der verdünnten Reinxanthatlösung für die spektralfotometrische Messung wurden 7 g Viskose mit 70 ml eiskaltem Wasser verdünnt, dann unter

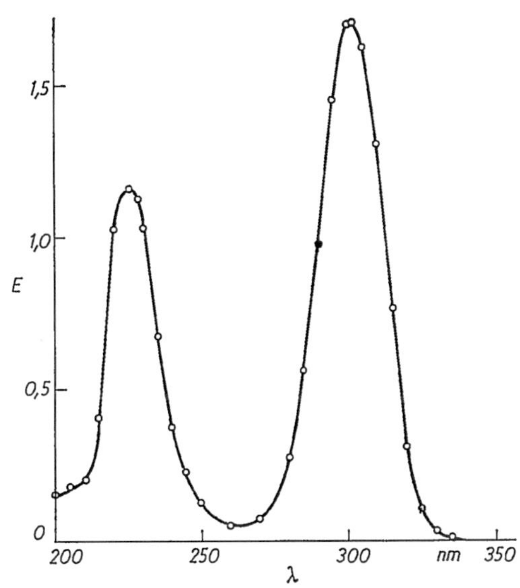

Bild 1. Spektrum von reinem Cellulosexanthogenat in 0,1 n NaOH bei 20°C (Konz. an Xanthogenatgruppen ~10^{-4} mol/l)

Rühren die erforderliche Menge des stark basischen Anionenaustausches SBW (VEB Chemiekombinat Bitterfeld, Betriebsteil Nord — ehemals VEB Farbenfabrik Wolfen —) zugesetzt, um die Hauptmenge der niedermolekularen, S-haltigen Anionen zu entfernen. Diese vorgereinigte Lösung wurde dann zur Feinreinigung durch eine mit Austauscher SBW gefüllte Säule gegeben. Der zu Beginn durchlaufende Lösungsanteil (ca. 5 ml) wurde verworfen, die nachfolgende „Hauptfraktion" dann nach geeigneter Verdünnung mit 0,1 m NaOH und Zusatz von 0,1% KCN sowohl zur Spektralfotometrie als auch zur analytischen Kontrollbestimmung des gebundenen CS_2 eingesetzt. Als Kontrollmethode diente die saure Zersetzung mit Übertreiben des CS_2 im N_2-Strom in eine Vorlage mit 10%iger KOH in Äthanol, in der die K-Äthylxanthogenatkonzentration auf Basis der vorher aufgestellten Eichbeziehung (vgl. Bild 3) spektralfotometrisch ermittelt wurde.

Die *spektralfotometrische Messung* im Spektralfotometer DU G 4700 (Fa. Beckman) erfolgte in Quarzküvetten (Q I) mit einer Schichtdicke von 1 cm und, sofern nicht anders angegeben, bei einer Spaltbreite von 0,30 mm und einer Meßtemperatur von 20°C + 0,2 grd. Nur in Einzelfällen wurde das gesamte UV-Spektrum zwischen 200 und 400 nm punktweise aufgenommen (Bild 1), das für Cell-X und KÄX praktisch identisch ist. Für Serienmessungen wurde nur die Extinktion im Maximum der Xanthogenatbande bei 301 nm registriert. Der untersuchte Konzentrationsbereich lag zwischen 10^{-5} und 10^{-4} mol/l Xanthogenatgruppen.

3. *Versuchsergebnisse*

3.1. *Einfluß der Spaltbreite und der Meßtemperatur*

Wie Bild 2 am Beispiel 10^{-5} und 10^{-4} molarer Lösungen in 0,1 n NaOH veranschaulicht, wurde sowohl bei KÄX wie bei Cell-X in allen hier untersuchten Meßmedien ein Maximum des Extinktionskoeffizienten ε_{301} bei mittleren Spaltbreiten beobachtet. In Über-

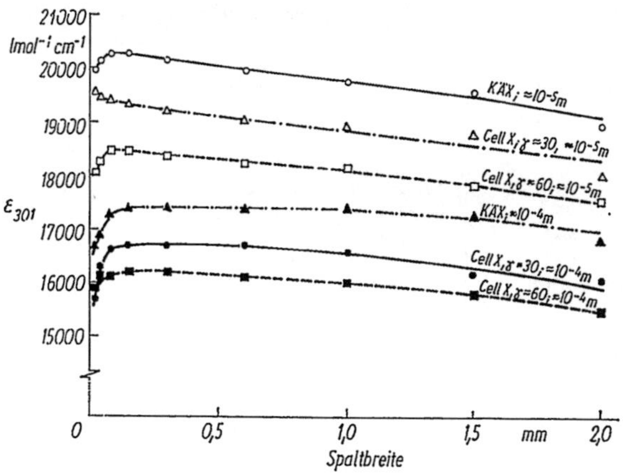

Bild 2. Abhängigkeit des für Kaliumäthylxanthogenat und für Cellulosexanthogenat unterschiedlichen γ-Wertes in 0,1 n NaOH bei 20 °C ermittelten Extinktionskoeffizienten ε_{301} von der Spaltbreite des Fotometers und von der Xanthogenatgruppenkonzentration in der Meßlösung

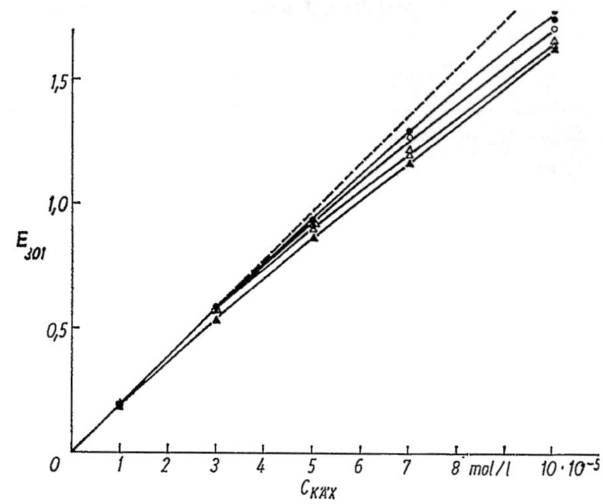

Bild 3. Extinktion von KÄX bei 301 nm in verschiedenen Meßmedien in Abhängigkeit von der Konzentration (gemessen bei 0,3 mm Spaltbreite und 20 °C unter Zusatz von 1‰ KCN)

•——— 10%ige äthanolische KOH
○——— 5 n NaOH
△——— 0,1 n NaOH
▲——— 0,1 m Phosphatpuffer, pH = 8

einstimmung mit Angaben von *Andrews*, *Hurtubise* und *Krässig* [9] war hierbei der Anstieg von ε_{301} bei geringer Spaltbreite für KÄX steiler und ausgeprägter als bei Cell-X, für das der Maximalwert oft schon bei geringer Spaltbreite erreicht wurde und dann über einen breiteren Bereich konstant blieb. Ein signifikanter Einfluß von Xanthogenatkonzentration und Meßmedium auf den Verlauf von ε_{301} mit steigender Spaltbreite ließ sich aus unseren Ergebnissen nicht ableiten. Mit der von uns verwendeten Meßanordnung wurde das Maximum von ε_{301} am häufigsten bei einer Spaltbreite von 0,30 mm gefunden. Für Serienmessungen sollte u. E. eine festgelegte Spaltbreite von mindestens 0,15 mm eingehalten werden, da der Abfall von ε_{301} nach niedrigeren Spaltbreiten hin oft sehr steil, zu hohen Spaltbreiten nach Überschreiten des Maximums dagegen so flach war, daß eine geringe Variation der Spaltbreite für die analytische Praxis ohne Belang ist.

Orientierende Messungen zum Einfluß der Temperatur auf ε_{301} ergaben für eine $5 \cdot 10^{-5}$ molare KÄX-Lösung in 0,1 m NaOH bei 0,30 mm Spaltbreite Werte von

$$\varepsilon_{301} = 18400 \quad \text{bei } 20\,°\text{C},$$

$$\varepsilon_{301} = 18250 \quad \text{bei } 40\,°\text{C}$$

und bestätigen damit die zu erwartende recht geringe Temperaturabhängigkeit. Eine gewisse zeitliche Abnahme der Extinktion bei 40 °C entsprach dem aus der in anderem Zusammenhang bestimmten Xanthogenat-Zersetzungsgeschwindigkeit zu erwartenden Abfall. ε_{301} bleibt somit über längere Zeit konstant und hängt nur recht wenig von der Meßtemperatur ab [8].

3.2. *Einfluß von Xanthogenatkonzentration und Meßmedium auf ε_{301} bei KÄX*

Eine Darstellung der Extinktionswerte gegen die KÄX-Konzentration (Bild 3) ergibt bei exakten Messungen deutlich erkennbare Abweichungen von der nach dem *Lambert/Beer*schen Gesetz zunächst erwarteten Linearität, wobei die Kurven in Abhängigkeit vom Meßmedium auffächern und für 0,1 n NaOH die stärkste, für 10%ige äthylalkoholische KOH die geringste Krümmung aufweisen. Die formale Berechnung eines „molaren Extinktionskoeffizienten" ε_{301} für unterschiedliche KÄX-Konzentrationen und Meßmedien führt zu den in Bild 4 dargestellten Zusammenhängen. ε_{301} sinkt — wie nach Bild 3 zu erwarten — in allen Fällen mit steigender Konzentration ab, wobei im gewählten Meßbereich der Zusammenhang zwischen ε_{301} und c in erster Näherung durch Geraden erfaßt werden kann, die sich je nach dem angewandten Meßmedium in ihrer Steilheit unterscheiden. Aus Bild 4 geht klar hervor, daß man auch bei konstanter Spaltbreite je nach Wahl der Konzentration und des Meßmediums jeden belibigen Wert für ε_{301} zwischen 16000 und 20000

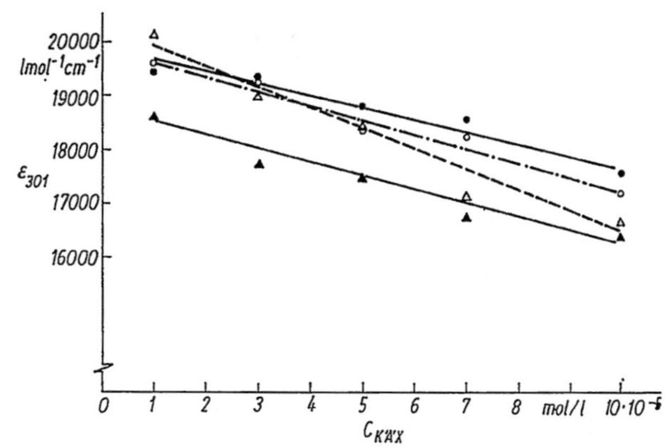

Bild 4. Extinktionskoeffizient ε_{301} für KÄX in verschiedenen Meßmedien in Abhängigkeit von der Konzentration (ermittelt aus den Daten von Bild 3)

•——— 10%ige äthanolische KOH
○-·-·- 5 n NaOH
△- - - - 0,1 n NaOH
▲——— 0,1 m Phosphatpuffer, pH = 8

erhalten kann, was allein schon die unterschiedlichen Angaben verschiedener Autoren hinreichend erklären würde.

3.3. *Einfluß von Xanthatgruppenkonzentration und Xanthatgruppenverteilung auf ε_{301} bei Cell-X*

Auch bei Cell-X finden wir im E-c-Diagramm (Bild 5) deutliche Abweichungen vom linearen Verlauf. Selbst bei Konstanthaltung des Meßmediums (0,1 n NaOH) fächern die Kurven in Abhängigkeit von γ-Wert und Reifezustand der Viskose erheblich auf, so daß uns die Aufstellung einer eindeutigen „spektralfotometrischen Eichbeziehung" für Cellulosexanthogenat grundsätzlich nicht möglich erscheint. Dementsprechend liegen die von uns ermittelten Extinktionskoeffizienten ε_{301} bei vorgegebenem Meßmedium in dem breiten Bereich zwischen 15500 und ca. 20000 und schwanken selbst bei vorgegebener Xanthogenatgruppenkonzentration von $5 \cdot 10^{-5}$ mol/l noch zwischen 16000 und 18500 (Bild 6). Ein annähernd linearer Zusammenhang zwischen ε_{301} und c wurde nur in einem Falle festgestellt (Meßreihe III), sonst nahm ε_{301} bei niedrigen Konzentrationen steiler ab als bei höheren. Die mit unseren verschieden hoch substituierten Cell-X-Lösungen erhaltenen unterschiedlichen „Niveaus" für ε_{301} führen wir in erster Linie auf einen Einfluß der Substituentenverteilung und nicht des Brutto-γ-Wertes selbst zurück. Hierfür spricht, daß erstens *Elmgren* [8, 22] bei gleichartig vorbehandelten Viskosen im γ-Zahl-Bereich zwischen 25 und 150 zwar merkliche Streuungen für ε_{302}, jedoch keinen systematischen Gang mit dem Substitutionsgrad gefunden hatte, und daß zweitens bei unseren Versuchen nach Einstellen eines bestimmten γ-Wertes durch Abreifen einer hoch-

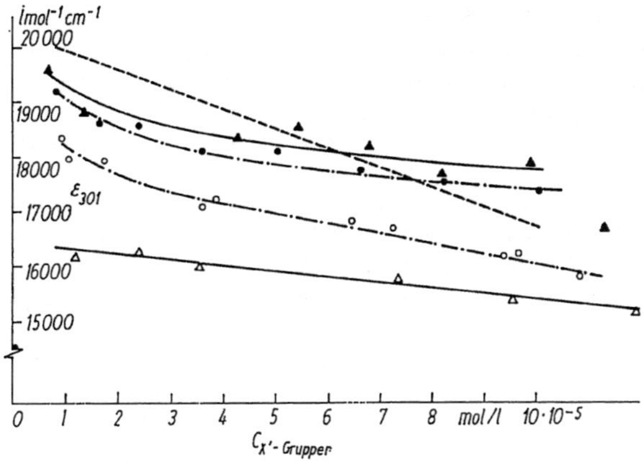

Bild 6. Extinktionskoeffizient ε_{301} für Cellulosexanthogenat unterschiedlichen Substitutionsgrades und unterschiedlicher Substituentenverteilung in 0,1 n NaOH in Abhängigkeit von der Xanthogenatgruppenkonzentration (ermittelt aus den Daten von Bild 5)

•-·-·-·- frische Viskose, $\gamma = 56 \cdots 58$
○-·-·- auf $\gamma = 30$ abgereifte Viskose
△——— auf $\gamma = 85$ aufsulfidierte Viskose
▲——— nach Hochsulfidierung auf $\gamma = 50$ abgereifte Viskose
— — — KÄX

sulfidierten Viskose ein wesentlich höherer Wert für ε_{301} gefunden wurde als bei einer frischen Viskose mit etwa dem gleichen γ-Wert (Meßreihe IV im Vergleich zu I und II). Hierbei muß zunächst offen bleiben, ob dieser Einfluß des Nachreifezustandes in erster Linie auf eine Vergleichmäßigung der Substituentenverteilung längs der Einzelkette oder auf einen mit fortschreitender Reife ansteigenden Anteil an C_6-Xanthat zurückzuführen ist.

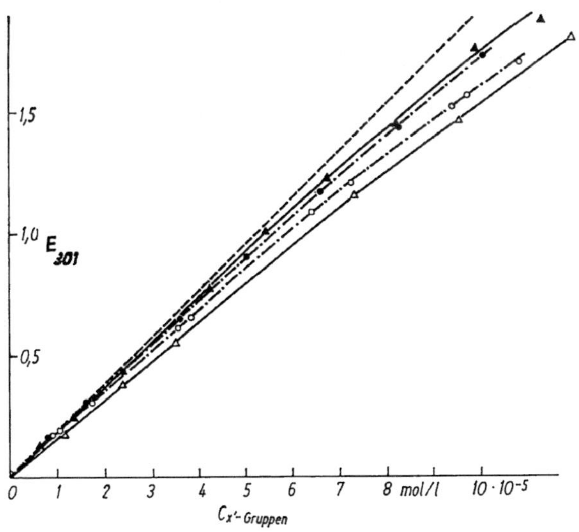

Bild 5. Extinktion von Cellulosexanthogenat unterschiedlichen Substitutionsgrades und unterschiedlicher Substituentenverteilung in 0,1 n NaOH bei 301 nm in Abhängigkeit von der Xanthogenatgruppenkonzentration (gemessen bei 0,3 mm Spaltbreite und 20 °C unter Zusatz von 1 ‰ KCN)

•-·-·- frische Viskose $\gamma = 56 \cdots 58$
○-·-·- auf $\gamma = 30$ abgereifte Viskose
△——— auf $\gamma = 85$ aufsulfidierte Viskose
▲——— nach Hochsulfidierung auf $\gamma = 50$ abgereifte Viskose

4. *Zusammenfassende Diskussion und Schlußfolgerungen*

Die von uns erhaltenen Ergebnisse zeigen, daß der molare Extinktionskoeffizient ε_{301} im Maximum der für niedermolekulare und polymere Xanthogenate charakteristischen UV-Absorptionsbande in Abhängigkeit von den Meßbedingungen und bei Cellulosexanthogenat auch der Vorgeschichte des Präparats sehr unterschiedliche Werte annehmen kann. Die große Spannweite der bisher veröffentlichten ε_{301}-Werte wird damit bestätigt und auf objektive Gründe zurückgeführt. Für KÄX als niedermolekulare Modellsubstanz liegen die von uns bei 0,30 mm Spaltbreite gemessenen Werte für ε_{301} zwischen 16350 und 20150, für Cell-X in 0,1 n NaOH zwischen 15400 und 19600, wobei uns in Anbetracht der großen Spannweite eine Tendenz zu niedrigeren Werten für Cell-X nicht gesichert erscheint, obwohl sie mit einem aus den zahlreichen Literaturwerten des Extinktionskoeffizienten erkennbaren Trend konform geht. Als Ursachen der großen Spannweite von ε_{301} sehen wir im einzelnen:

a) einen Einfluß der spektralfotometrischen Meßbedingungen,
b) Abweichungen von der Linearität in der Extinktions-Konzentrations-Beziehung,
c) einen erheblichen Einfluß des Meßmediums,
d) einen starken Einfluß der Xanthogenatgruppenverteilung bei Cell-X.

Ein Maximum des molaren Extinktionskoeffizienten bei mittlerer Breite des Fotometerspaltes wurde nicht nur bei den hier untersuchten Xanthogenaten, sondern beispielsweise auch für ε_{336} des Trithiocarbonats beobachtet und ist wahrscheinlich meßtechnisch bedingt.

Eine Änderung von ε_{301} mit der Xanthogenatkonzentration wurde nicht nur von uns, sondern auch von *Andrews, Hurtubise* und *Krässig* [9] festgestellt, von letzteren allerdings in umgekehrter Richtung, d. h. als Zunahme von ε_{301} mit c in einem Puffer pH = 11,3 als Meßmedium, wobei eine Erklärung für diesen Widerspruch z. Z. nicht gegeben werden kann. Der nicht lineare Verlauf unserer *E-c*-Diagramme ist für KÄX stärker ausgeprägt als für Cell-X. Trithiocarbonat zeigt übrigens für sein UV-Absorptionsmaximum bei 336 nm derartige Abweichungen vom *Lambert/Beer*schen Gesetz nicht.

Zur Deutung des Einflusses von Meßmedium und Substituentenverteilung auf ε_{301} war zunächst zu diskutieren, ob die Änderungen auf Unterschiede des molaren Extinktionskoeffizienten unter Beibehaltung des Maximums bei 301 nm oder auf eine gewisse Verschiebung des Absorptionsmaximums zu größerer oder kleinerer Wellenlänge zurückzuführen sind. Kontrollaufnahmen des gesamten UV-Spektrums an Cellulosexanthogenaten unterschiedlichen Nachreifezustandes sowie an verschiedenen Xanthogenaten unter Variation des Meßmediums schließen die zuletzt genannte Möglichkeit aus und sprechen eindeutig für einen unterschiedlich hohen molaren Extinktionskoeffizienten im Maximum der Xanthogenatbande. Auch für Polyvinylalkoholxanthogenate [14] lag bei Variation von Xanthogenierbedingungen und Meßmedium das Absorptionsmaximum gleichbleibend bei 301 nm, während sich ε_{301} in ähnlich weiten Grenzen wie bei Cell-X änderte. Eine definitive Erklärung des Medieneinflusses kann aus unseren Versuchsergebnissen nicht gegeben werden. In Betracht zu ziehen wäre eine Beeinflussung der Wechselwirkung zwischen Xanthogenatgruppen durch das Meßmedium, bedingt unter anderem durch eine unterschiedliche Solvatation dieser Gruppen und bei polymeren Xanthogenaten durch eine vom Medium abhängige Molekülkonfiguration (Änderung der Knäuelgestalt). Die Änderung von ε_{301} bei Cell-X mit dessen Substituentenverteilung führen wir unter Berücksichtigung der Ergebnisse von *Elmgren* (weitgehende Konstanz von ε_{301} mit steigendem γ-Wert [8, 22]) bei dem jetzt vorliegenden Versuchsmaterial in erster Linie auf ein unterschiedliches Absorptionsvermögen von C_6- und $C_{2,3}$-Xanthat zurück, indem ε_{301} mit steigendem Verhältnis von C_6-Xanthat zu $C_{2,3}$-Xanthat generell zunimmt (vgl. Bild 6).

In einer neueren Arbeit zur spektralfotometrischen γ-Zahl-Bestimmung [10] wurde eine teilweise Oxydation von Xanthogenatgruppen zu Dixanthogengruppierungen als mögliche Ursache der Schwankungen in ε_{301} diskutiert und darauf hingewiesen, daß Dixanthogene zwar auch eine Bande mit Maximum bei ca. 300 nm zeigen, jedoch hier der molare Extinktionskoeffizient nur etwa ein Drittel des für Xanthogenate gemessenen Wertes beträgt. Unsere Ergebnisse sprechen eindeutig gegen diese Auffassung, denn erstens ist infolge einer „Schutzwirkung" des in der Viskose vorhandenen und wesentlich leichter oxydierbaren Sulfids und Trithiocarbonats eine oxydative Bildung von Dixanthogenstrukturen praktisch nicht in Betracht zu ziehen [23], zweitens wurde in der vorliegenden Arbeit die bekannte große Spannweite in ε_{301} auch in Gegenwart des eine Dixanthogenbildung mit Sicherheit ausschließenden KCN gefunden. Eine Möglichkeit zur Dixanthogenbildung unter Einfluß des Luftsauerstoffs könnte u. E. allenfalls nach der Entfernung der Nebenprodukte durch Ionenaustausch für die verdünnte Reinxanthatlösung bestehen, ist aber nach unseren Erfahrungen für die analytische Praxis unwesentlich, wenn man die Lösung nach dem Ionenaustausch möglichst bald fotometriert, was aus anderen Gründen (Xanthatzersetzung, Neubildung von Nebenprodukten) ohnehin erforderlich ist. Der von *Elmgren* auf Basis seines Modells einer „partiellen Abdissoziation des CS_2 von der Xanthogenatgruppierung" vorgenommenen Erklärung der Unterschiede in ε_{301} [8] können wir uns als allgemeingültiger Deutung der beobachteten Unterschiede nicht anschließen, da unsere Ergebnisse — vor allem zur Konzentrationsabhängigkeit von ε_{301} bei KÄX — dem widersprechen. Als weitere Konsequenzen für die praktische Analytik folgt aus unseren Ergebnissen, daß es notwendig ist, zur fotometrischen γ-Zahl-Bestimmung sich unter Beibehaltung der zur Auswertung geeigneten Wellenlänge $\varepsilon = 301$ nm auf eine bestimmte mittlere Spaltbreite — bei dem von uns benutzten System z. B. 0,30 nm — festzulegen und die Abweichungen vom *Lambert/Beer*schen Gesetz durch Aufstellung einer Eichkurve für das gewählte und dann konstant zu haltende Löse- und Meßmedium zu berücksichtigen. Auch bei Einhaltung dieser Bedingungen bleibt die spektralfotometrische γ-Zahl-Bestimmung infolge des Einflusses der Substituentenverteilung (Reifezustand) auf ε_{301} mit einer Unsicherheit behaftet, die im für Normalviskosen interessierenden γ-Zahl-Bereich von größenordnungsmäßig 50 zu einer maximalen Schwankung von etwa 5 γ-Einheiten in den ermittelten Analysenwerten führen kann. Für niedermolekulare Xanthogenate existiert dieser zusätzliche Einflußfaktor natürlich nicht, so daß hier unter den oben genannten Voraussetzungen eine eindeutige analytische Aussage möglich wird.

Literatur

[1] *Schauenstein, E.*, und *Treiber, E.*: UV-Untersuchungen an Viskose — Spektralfotometrische Bestimmung von Xanthogenatschwefel und Trithiocarbonat. Melliand Textilber. **32** (1951) S. 43—47.

[2] *Treiber, E.*: Die Lichtabsorption der Cellulose und ihrer Derivate unter Berücksichtigung der technischen Anwendungen speziell in der Viskoseindustrie. Kolloid-Z. **130** (1953) 1, S. 39—63.

[3] *Samuelson, O.*, und *Gärtner, F.*: Utilization of ion exchangers in analytical chemistry. XVIII. Acta chem. Scand. **5** (1951) S. 596—602.

[4] *Dux, I. F.*, und *Phifer, L. H.*: Determination of xanthate sulfur in viscose. Analytic. Chem. **29** (1957) S. 1842 bis 1845.

[5] *Phifer, L. H.*, und *Bell, J. L.*: Xanthate sulfur determination by the batch ion exchange method. Tappi, New York **43** (1960) 7, S. 622—626.

[6] *Phifer, L. H.*, und *Plummer, H. K. jr.*: Ultraviolet studies of metal xanthates. Tappi, New York **48** (1965) 5, S. 290—293.

[7] *Treiber, E.*: Viskosekolloquium „Übersicht über das 9. Viskosekolloquium in Stockholm am 7. Dezember 1965". Svensk Papperstidn. **69** (1966) 2, S. 34—37.

[8] *Elmgren, H.:* New methods for viscose analysis, and some simplified equations for the characterization of cellulose xanthate. Svensk Papperstidn. **69** (1966) 7, S. 225–231.
[9] *Andrews, D. A., Hurtubise, F. G.,* und *Krässig, H.:* The presence of monothiocarbonate substituents in cellulose xanthates. Canad. J. Chem. **38** (1960) 8, S. 1381 bis 1394.
[10] *Tunc, D., Bampton, R. F.,* und *Muller, T. E.:* Quantitative determination of xanthate-by-products and total sulfur in viscose by ultraviolet spectrophotometry. Tappi, New York **52** (1969) 10, S. 1882–1885.
[11] *Joedodibroto, R.,* und *Rånby, B.:* The decomposition mechanism of xanthates of model compounds for cellulose. II. Monoxanthates of 1,2-; 1,3- und 1,4-diols. Bul. Inst. Politehnic Din Iasi **16** (20) (1970) 1/2 Sect. II Chim. Ind., S. 303–314.
[12] *Jost, H.,* und *Ludwig, J.:* Die Cellulosexanthogensäure — ein Zwischenprodukt des Viskosespinnprozesses. Teil I. Faserforsch. u. Textiltechnik **17** (1966) 5, S. 194 bis 201.
[13] *Hovenkamp, S. G.:* Reaktionen im System Schwefelkohlenstoff — Natronlauge. Dissertation Delft 1965.
[14] *Dautzenberg, H.,* und *Philipp, B.:* Untersuchungen zur Xanthogenatbildung und -zersetzung bei Polyvinylalkohol. Faserforsch. u. Textiltechnik **22** (1971) 5, S. 229 bis 235.
[15] *Maurice, M. J.,* und *Mulder, I. L.:* The UV-spectrophotometric determination of potassium ethylxanthate. J. appl. Chem. (1954) S. 204–211.
[16] *Geiger, E., Nobs, H. U.,* und *Halasz, P.:* UV-spektrophotometrische Bestimmung von H_2S und CS_2 in Gasen. Helv. chim. Acta **42** (1959) S. 1345–1350.
[17] *Klein, E., Borsage, J. K.,* und *Norman, U. I.:* Spectrophotometric determination of fast xanthate decomposition kinetics. J. physical Chem. **64** (1960) S. 1666 bis 1670.
[18] *Echlakova, S. A., Okolovič, A. M.,* und *Plaksin, J. N.:* Über die Anwendung der Absorptionsspektroskopie zur Kontrolle der Xanthogenatverteilung bei Flotationsprozessen. Izv. Akad. Nauk. SSSR, OTH (Nachr. Akad. Wiss. UdSSR) (1959) 6, S. 141.
[19] *Kitamura, R., Ichikawa, M., Tanaka, M.:* Spectrochemical studies on regenerated cellulose films. Part 1. Concerning ultraviolet absorption spectra of various regenerated cellulose films. Part 2. Confirmation of ingredients of ultraviolet absorption. J. Soc. Textile Cellulose Ind. Japan **18** (1962) 8, S. 677–682; 682 bis 686.
[20] *Pomiankowski, A.,* und *Leja, J.:* Spectrophotometric study of xanthate and dixanthogen solutions. Canad. J. Chem. **41** (1963) 9, S. 2219–2230.
[21] *Törnell, B.:* The influence of small amounts of copper on the spectrophotometric determination of xanthate sulfur in viscose. Svensk Papperstidn. **65** (1962) 8, S. 319–321.
[22] *Elmgren, H.:* The macromolecular properties of sodium cellulose xanthate in dilute solution. Arkiv Kemi **24** (1965) 13, S. 237–287.
[23] *Dautzenberg, H., Philipp, B.,* und *Schumann, J.:* Zum Einfluß des Luftsauerstoffs auf die Änderung der chemischen Zusammensetzung von Viskosen während des Nachreifeprozesses. Faserforsch. u. Textiltechnik **23** (1972) 5, S. 192–198.

Eingegangen am 7. Dezember 1971

Über physikalisch-chemische Untersuchungen des Oberflächenverhaltens von Glasseiden

Gottfried Wiedemann und Hans-Jörg Jacobasch
Deutsche Akademie der Wissenschaften zu Berlin, Institut für Technologie der Fasern in Dresden

DK 677.521:577.017.63:532.613:541.183:537.3

Zur Charakterisierung physikalisch-chemischer Oberflächeneigenschaften von Glasseiden verschiedener Zusammensetzung wurden elektrokinetische Messungen in Elektrolytlösungen durchgeführt. Die Ergebnisse werden im Zusammenhang mit dem anwendungstechnischen Verhalten diskutiert.

О физико-химических исследованиях поведения поверхности нитей из стекла

Для характеристики физико-химических свойств поверхности нитей из стекла различного состава проводились электрокинетические измерения в растворах электролитов. Полученные результаты обсуждены в связи с поведением материала при его эксплуатации.

Physicochemical Investigations of the Surface Properties of Glass Filaments

The physicochemical properties of glass filaments having different composition have been characterized by electrokinetic measurements in electrolyte solutions. The results are related to the performance in end-use application.

1. *Untersuchungsmaterialien*

In die Untersuchungen wurden Glasseiden vom *E*- und A-Glastyp sowie SiO_2-Glasseiden einbezogen. Die Zusammensetzungen der untersuchten Glasseiden wurden in der Tabelle 1 zusammengestellt.

Die E-Glasseide (Elementarfadendurchmesser 9 μm) und die A-Glasseide (2) wurden nach dem Düsenziehverfahren, die A-Glasseide (1) (Elementarfadendurchmesser 10 μm) und die SiO_2-Glasseide (Elementarfadendurchmesser 9 μm) wurden nach dem Stababziehverfahren ersponnen. Die Herstellung der Glasseiden, mit Ausnahme der A-Glasseide (2), erfolgte ohne Schlichten bzw. Präparationsmittel; im Falle der A-Glasseide (2) erfolgte eine Entfernung der Spinnschlichte auf chemischem Wege.

Tabelle 1. Zusammensetzung der untersuchten Glasseiden

Zusammensetzung %	E-Glas	A-Glas CT 651 b (1)	A-Glas Nr. 7 (2)	SiO_2-Glas
SiO_2	54	67	62,5	100
Al_2O_3	15	3,5	6	
CaO	17	7	13,5	
MgO	4	4,5	2,5	
$Na_2O + K_2O$	0,5	16,4	10,5	
B_2O_3	8,5	1,6		
Sonst. Oxide	1		5	

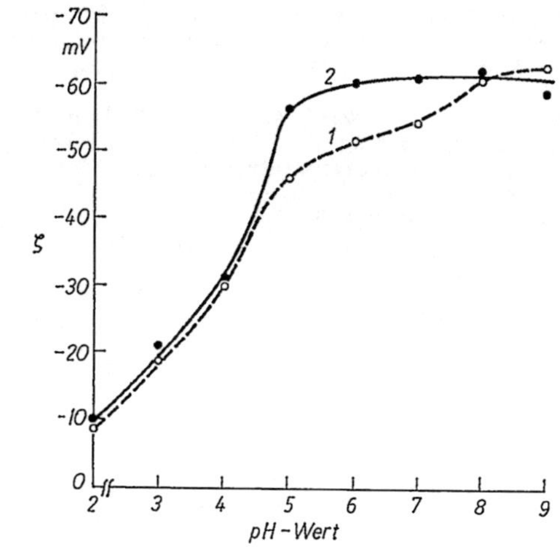

Bild 1. $\zeta = f(\mathrm{pH})$ E-Glasseide
1: unbehandelt
2: thermobehandelt 500 °C, 1 h

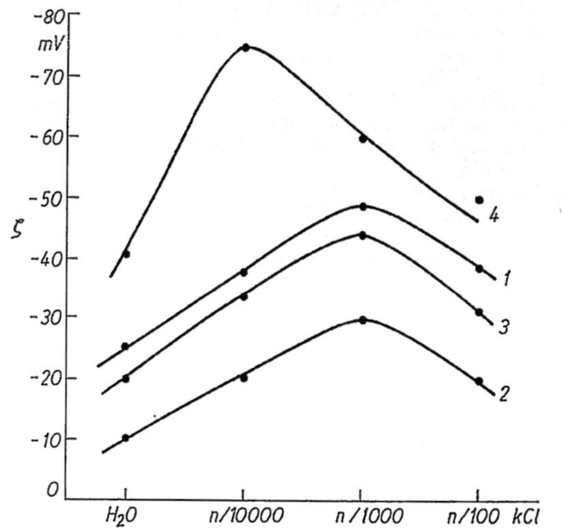

Bild 2. $\zeta = f(c)$
1: E-Glasseide
2: A-Glasseide (2)
3: A-Glasseide (1)
4: SiO_2-Glasseide

2. *Zetapotential und Glasseidenoberfläche*

Nach den in [1, 2] beschriebenen Verfahren und Erkenntnissen wurden ζ-Potential-Messungen nach dem Prinzip der Elektroosmose durchgeführt. Das ζ-Potential fester Substanzen wird sowohl durch die chemischen und physikalischen Eigenschaften der Festkörperoberfläche als auch die Zusammensetzung der Meßlösung beeinflußt. Aus Untersuchungen an organischen Faserstoffen geht hervor, daß hauptsächlich die Adsorption von Ionen für die Ausbildung des ζ-Potentials entscheidend ist und daß sich aus dem Verlauf des ζ-Potentials in Abhängigkeit von der Konzentration 1-1-wertiger Elektrolytlösungen Rückschlüsse auf das Adsorptionsverhalten der Faserstoffe ziehen lassen.

Bild 1 zeigt Ergebnisse für thermisch behandelte und unbehandelte E-Glasseide, aus denen die Abhängigkeit des ζ-Potentials vom pH-Wert der Meßlösung hervorgeht. Der pH-Wert der Meßlösungen wurde durch HCl bzw. KOH eingestellt, wobei die Ionenstärke von 0,001 durch KCl-Zusatz konstant gehalten wurde.

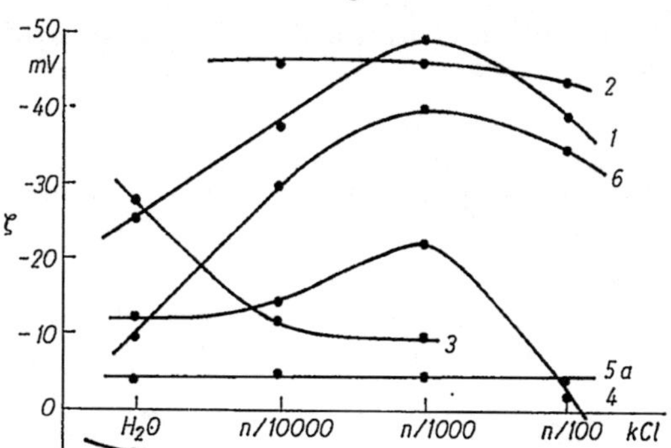

Bild 3. $\zeta = f(c)$ E-Glasseide
1: unbehandelt
2: unbehandelt mit 1 n H_2SO_4 80 °C, 1 h
3: behandelt mit Methacrylsäure-Chromkomplex
4: behandelt mit einem Kationtensid auf N-Soja/N-Äthyl-Morpholinium-Äthosulfat-Basis
5a: behandelt mit einer kationenaktiven Al_2O_3-Dispersion, 0,1%ig
5b: behandelt mit einer kationenaktiven Al_2O_3-Dispersion, 0,3%ig
6: behandelt mit einem Aniontensid auf Alkylsulfonatbasis (90% Monosulfonsäure)

Es ergibt sich hieraus, daß für beide Behandlungszustände stets ein negatives ζ-Potential erhalten wird. Dieses erklärt sich sowohl aus der Dissoziation saurer Molekülgruppen an der Faseroberfläche als auch aus der Adsorption negativ geladener Ionen. Im sauren Bereich wird die Dissoziation saurer Molekülgruppen und die Adsorption von Anionen zugunsten der Protonenadsorption zurückgedrängt, so daß ein Abfall des negativen ζ-Potentials eintritt.

Der Unterschied in den Kurven 1 und 2 im schwach sauren Bereich läßt den Schluß zu, daß durch die Thermobehandlung gegenüber dem unbehandelten Zustand eine Erhöhung der Dissoziationsfähigkeit der Glasoberfläche oder eine Vergrößerung des Adsorptionspotentials von Anionen eintritt.

Bild 2 zeigt die erhaltenen ζ-Potentiale in Abhängigkeit von der KCl-Konzentration der Meßlösung für verschiedene Zusammensetzungen der Glasseiden. Bei Quarzseiden liegt das ζ-Potential-Maximum vergleichsweise am höchsten und ist zu geringeren KCl-Konzentrationen hin verschoben. Es treten also bei Quarzseide stärkere Adsorptionskräfte gegenüber negativ geladenen Ionen in Erscheinung als bei Seiden vom E- und insbesondere vom A-Glastyp. Die Alkaliglasseiden zeigen die niedrigsten Werte des maximalen ζ-Potentials.

Bild 3 zeigt die ζ-Potentiale in KCl-Lösungen in Abhängigkeit von einigen E-Glasseidenbehandlungen. Der Einfluß einer Säurebehandlung auf das ζ-Potential weist auf den hierdurch bewirkten modifizierten Oberflächencharakter hin: durch die „quarzartigere" Oberfläche ist bei geringen Konzentrationen das ζ-Potential gegenüber dem Ausgangszustand der E-Glasseide nach oben hin verschoben (vgl. Bild 2). Glasseiden, mit kationischen Produkten veredelt, zeigen Umladungserscheinungen (Vorzeichenwechsel) bzw. eine Erniedrigung des negativen ζ-Potentials. Durch diese Adsorption von Kationen hat sich erwartungsgemäß der Adsorptionscharakter der Grenzschichten ver-

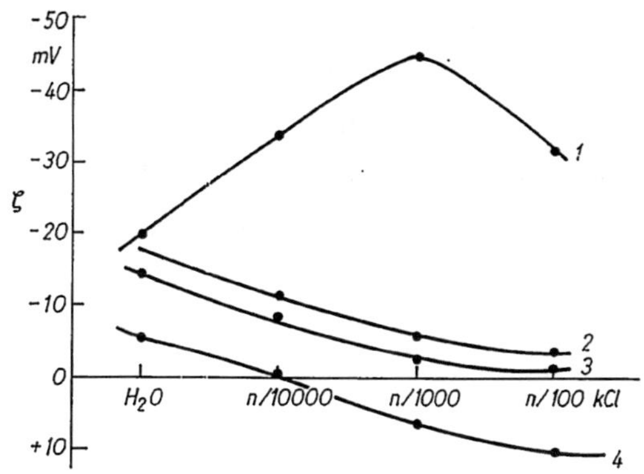

Bild 4. $\zeta = f(c)$ A-Glasseide (1)
1: unbehandelt
2: behandelt mit Methacrylsäure-Chromkomplex
3: behandelt mit einem Kationtensid auf N-Soja/N-Äthyl-Morpholinium-Äthosulfat-Basis
4: behandelt mit einer kationaktiven Al_2O_3-Dispersion 0,1%

ändert. Ableitungen gleicher Art können aus den Messungen an der A-Seide (1) getroffen werden, siehe hierzu Bild 4.

Wie ebenfalls zu erwarten, bleibt bei anionischen Faserstoffbehandlungen der prinzipielle Ladungs- und Adsorptionscharakter der Glasseide erhalten.

Die Abhängigkeit des ζ-Potentials von der thermischen Vergangenheit der Glasseide zeigen die Bilder 5 bis 7, und zwar für E-Glas und die A-Gläser (1), (2). Allen ist gemeinsam, daß mit steigenden Temperbehandlungen nach Temperatur und Verweilzeit ζ_{max} zu größeren negativen Werten hin verschoben ist. Die Begründung hierfür dürfte darin liegen, daß durch Temperungen die Hydratationsfähigkeit der Glasoberfläche vermindert wird, die sowohl auf eine Abnahme der freien OH-Gruppen an der Oberfläche als auch auf eine Verminderung der Kationenbeweglichkeit zurückgeführt werden kann.

Aus dieser Problematik schälen sich insbesondere zwei Komplexe heraus, die in den nächsten Abschnitten behandelt werden sollen:

a) Auf welche Ursachen ist die Steigerung von ζ_{max} durch Thermobehandlungen zurückzuführen?

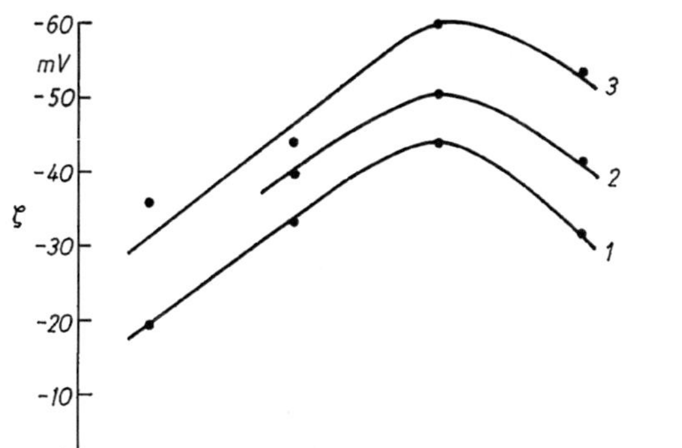

Bild 6: $\zeta = f(c)$ A-Glasseide (1)
1: unbehandelt
2: thermobehandelt 350 °C, 0,5 h
3: thermobehandelt 450 °C, 1 h

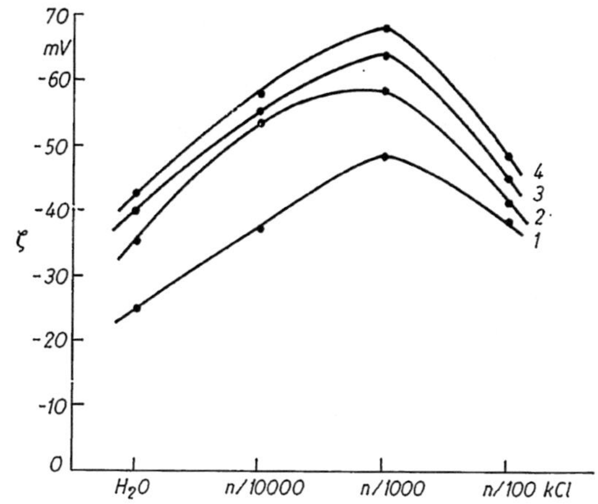

Bild 5. $\zeta = f(c)$ E-Glasseide
1: unbehandelt
2: thermobehandelt 500 °C, 1 h
3: thermobehandelt 650 °C, 1 h
4: thermobehandelt 650 °C, 5 h

b) Ergeben sich aus der charakteristischen Lage von ζ_{max} und den Verläufen der ζ-Potentiale Ableitungen im Hinblick auf die physikalischen Eigenschaften?

3. *Zur Struktur der Glasseidenoberfläche*

Sofern man eine Korrelation zwischen den ζ-Potential-Messungen in Abhängigkeit von der Zusammensetzung der Seiden und der in Abhängigkeit von der vorausgegangenen Temperung durchgeführten Untersuchung herstellt, könnte für den letztgenannten Zusammenhang der Schluß gezogen werden, daß — in Verbindung mit bereits veröffentlichten Ergebnissen [3] — die Potentialerhöhungen auf eine durch einsetzende thermische Verdichtung bewirkte Verminderung der Beweglichkeit der netzwerkwandelnden Kationen zurückgeführt werden kann. Dagegen spricht aber, daß auch solche Thermobehandlungen (550 °C, 5 h) eine Potentialerhöhung erbringen, für die bereits eine Erhöhung der

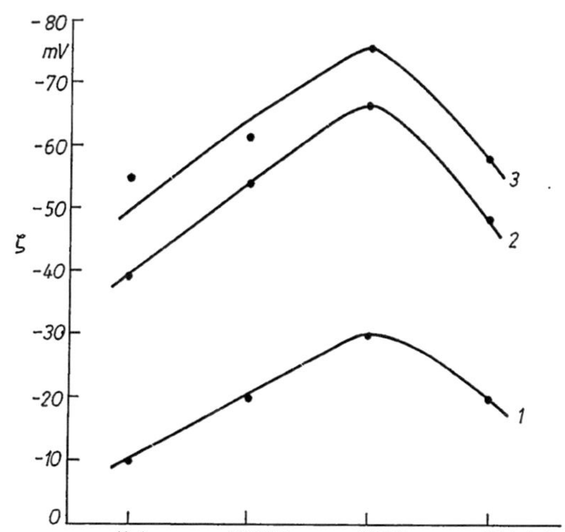

Bild 7. $\zeta = f(c)$ A-Glasseide (2)
1: unbehandelt
2: thermobehandelt 350 °C, 0,5 h
3: thermobehandelt 550 °C, 5 h

Tabelle 2. OH-Gruppenbestimmungen an Glasseide

Material und Zustand	Verbrauch n/50 $AgNO_3$/g Einw. ml	mg OH/g Einwaage	Anzahl OH-Gruppen/g Einwaage ($\times 10^{18}$)	Spez. Oberfläche m^2/g [1])	Anzahl OH-Gruppen/ 100 $Å^2$ Glasseidenoberfläche
Glasseide E-Glas, wassergeschlichtet, nicht thermobehandelt	0,375	0,127	4,50	0,2	22,8
dsgl. thermobehandelt 5 h 350 °C	0,203	0,069	2,44	0,2	12,2
dsgl. thermobehandelt 5 h 650 °C	0,185	0,063	2,23	0,2	11,15

[1]) rechnerisch ermittelt

Diffusionsgeschwindigkeit der Kationen angenommen werden kann.

Andererseits liegen Untersuchungen vor [4, 5], die zeigen, daß durch Tempervorgänge — hier an SiO_2-Oberflächen durchgeführt — die Anzahl der OH-Gruppen, jeweils bezogen auf die gleiche Glasoberflächengröße, abnimmt. Dieses Problem wurde für E-Glasseide näher untersucht, indem in Abhängigkeit von der thermischen Vorgeschichte der Glasseide der OH-Gruppengehalt bestimmt wurde.

Nach der in [6] angegebenen Arbeitsvorschrift, wonach die Hydroxylgruppen mit Thionylchlorid umgesetzt werden, wurden die in der Tabelle 2 zusammengestellten Werte gefunden. Es zeigt sich aus den Angaben, daß mit steigenden Temperbedingungen hinsichtlich Temperatur und Verweilzeit die OH-Gruppenbesetzungsdichte pro Oberflächeneinheit sinkt. Im Zusammenhang mit Untersuchungen von *Kanamaru*

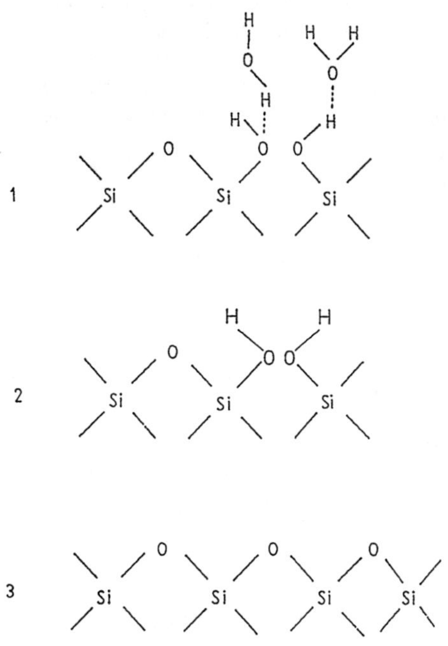

Bild 8. Glasseidenoberfläche (Schema)
1: mit adsorbiertem Wasser
2: Silanolgruppen
3: Siloxanstruktur

[19] über den Zusammenhang zwischen der Hydrophilie und dem ζ-Potential sowie eigenen Arbeiten über die Korrelation zwischen Hydrophilie und Schmutzaufnahme von Faserstoffen [20] kann angenommen werden, daß bei der Erhöhung des max. ζ-Potentials mit steigenden Temperaturbedingungen die sinkende OH-Gruppenbesetzung der dominierende Prozeß ist.

Die ζ_{max}-Werte steigen an, da durch einen sinkenden OH-Gruppengehalt die Möglichkeit, die freie Oberflächenenergie durch spezifische Wasseradsorption über Wasserstoffbrückenbindungen zu senken, vermindert wird. Es können deshalb die in Bild 8 gezeigten Strukturtypen für die Glasseidenoberfläche angenommen werden. Nach diesem Schema ergibt sich in Abhängigkeit von der Thermobehandlung:

An der Oberfläche liegen bei Zimmertemperatur Siloxan- und Silanolgruppen vor, von denen die Silanolgruppen über Wasserstoffbrückenbindungen hydratisiert sind (1).

Bei Steigerung der Temperatur wird zunächst das adsorbierte Wasser abgegeben (2),

ehe Silanolgruppen unter Wasserabspaltung in Siloxangruppen überführt werden (3).

Dieses auf Grund der erhaltenen Ergebnisse angegebene Schema deckt sich auch mit anderen Untersuchungen [8], wonach bei thermobehandelter E-Glasseide infolge eines geringeren OH-Gruppengehalts sich die Umsetzungsmöglichkeiten mit Modellsubstanzen verminderten.

Anmerkung: Die in der Tabelle 2 angegebenen OH-Gruppenbesetzungen sind als Rechengröße zu betrachten, da auf eine geometrisch ermittelte Glasseidenoberfläche Bezug genommen wurde. In der Literatur werden z. T. andere Angaben gemacht, z. B. 5 OH/100 $Å^2$ [9]. Das ändert jedoch nichts am Inhalt der Aussage.

4. *Über einige anwendungstechnische Auswirkungen*

Abzuleitende Folgerungen im Hinblick auf physikalisch ermittelte Eigenschaftsauswirkungen werden für die Probleme der Haftfestigkeit an Glasseiden sowie der Festigkeit der Glasseiden selbst gesehen.

Die gemäß [1] gezogene Folgerung, wonach jeweils Oberflächen mit höherem ζ_{max} und geringerem c_{max} stärkere Haftkräfte gegenüber Feststoffpartikelchen entwickeln, kann durch Ergebnisse aus Untersuchungen,

Tabelle 3. Polymer-Haftfestigkeiten an Glasseiden

	Ergebnisse aus eigenen Untersuchungen	Ergebnisse aus Literaturangaben [10, 11]
Untersuchungsmethodik	Haftfestigkeit Gewebe/Polymeres nach [12]	Punktkontakt Faden/Polymeres nach (13]
Prüfzustand	trocken	trocken
Polymeres	unges. Polyesterharz	Phthalatharz
Bewertung	„Abhebe"-Festigkeit kp/cm²	„Anklebeenergie" erg/cm²
Ergebnisse beim Kontakt mit SiO_2-Glasseide	125	305
E-Glasseide	90	267
Natrium-Calcium-Silicat-Glasseide (A-Glas)	75	145

die sich mit dem Haftfestigkeitsproblem Glasseidenoberfläche/Polymeres befaßten, bestätigt werden. Es handelte sich hierbei um die Haftung zwischen Glasseiden und Polymeren polaren Charakters, die ohne besondere Maßnahmen der Grenzflächenmodifizierung durch Haftmittel eingesetzt wurden. Die Ergebnisse aus eigenen Versuchen und Literaturangaben werden in der Tabelle 3 zusammengestellt.

Die Ergebnisse zeigen, daß Glasseidenoberflächen mit einem hohen maximalen ζ-Potential in KCl-Lösungen höheren Haftfestigkeiten zugeordnet werden können, vgl. Bild 2. Es kann hiernach angenommen werden, daß bei Ausschluß von chemischen Bindungen über Haftvermittler Dispersionskräfte und Dipolwechselwirkungen für die Polymer/Glas-Haftung verantwortlich sind. Diese Haftkräfte werden maßgeblich von der Polarisierbarkeit der beteiligten Festkörper abhängen, was für das System Glasseide/Polymeres bei „konstantem Polymerem" hier gezeigt und mit Hilfe der ζ-Potential-Untersuchungen begründet werden konnte und für das gleiche System bei „konstanter Glasseide", jedoch unter Verwendung polarer und apolarer Bindemittel sich aus der Literatur ergibt [10, 14].

Bekanntlich sind die physikalischen Eigenschaften der Glasseide empfindlich gegenüber Wasser und Lösungen anionischer Tenside, was sich u. a. in einem Naßfestigkeitsabfall äußert, und zwar im Zwirn- und Gewebezustand mehr, im Elementarfadenzustand weniger [15]. Es wurde gefunden [16], daß durch kationaktive Tenside, Textilhilfsmittel usw. eine Verbesserung der Trocken-, insbesondere der Naßfestigkeit erzielt werden kann. Diese Erscheinung erwies sich als außerordentlich tragfähig für die gesamte Textilglastechnologie, da hierdurch Steigerungen der relativen Naßfestigkeit von 70 bis 90% im unbehandelten Zustand (dagegen 60 bis 75% im Zustand mit anionaktiven Hilfsmitteln behandelt) auf 95 bis 100% ermöglicht wurden bei gleichzeitiger Begünstigung bzw. Sicherstellung der textilen Verarbeitbarkeit. Nachdem die ursprüngliche Deutung dieses Verhaltens, die von einer Diffusionsbehinderung der Netzwerkswandler durch das kationische Tensid ausging, widerlegt und die Wirksamkeit mit der Annahme eines Kationenaustauschs begründet wurde [17], kann diese Vorstellung anhand der vorliegenden Untersuchung präzisiert werden. Durch kationische Verbindungen wird das negative ζ-Potential stark erniedrigt bzw. es tritt Positivierung ein. In Lösungen kationischer Tenside tritt ein Kationaustausch mit der Glasoberfläche dergestalt ein, daß die H^+-Ionen durch positiv geladene Tensidionen ausgetauscht werden; die OH^--Gruppen können sich also nicht mehr potentialbestimmend auswirken. Die Umkehr des Potentials kann dadurch begründet werden, daß darüber hinaus durch Dispersionskräfte Kationtenside adsorbiert werden. Der komplexe Ionenaustausch- und Adsorptionsvorgang vermindert den Wasserangriff auf die Glasseide, der nach folgendem Schema vor sich geht:

$$\equiv\text{Si–O–Si}\equiv + \text{H}^+\text{OH}^- \text{— —} \equiv\text{Si–OH} + \text{HO—Si}\equiv.$$

Es können also bei kationischer Vorbehandlung weniger Si—O—Si-Bindungen aufgebrochen werden bzw. diese bleiben gänzlich erhalten.

Diese Passivierung, die, wie bereits gezeigt werden konnte [18], bei Wasserauslaugungsversuchen außerordentlich beständig ist, hat zur Folge, daß die Festigkeit der mit kationischen Tensiden behandelten Glasseide bei Einwirkung von Wasser nahezu erhalten bleibt. Weitere Ergebnisse über den Zusammenhang zwischen der Wasser- bzw. Tensidadsorption und der Festigkeit von Glasseide werden in einer späteren Arbeit dargestellt.

5. *Zusammenfassung*

An Glasseiden unterschiedlicher Zusammensetzung und Behandlung wurden Messungen des elektrokinetischen Potentials (ζ-Potential) in KCl-Lösungen durchgeführt. Die Höhe des maximalen ζ-Potentials, die die Adsorption von Anionen zum Ausdruck bringt, wird maßgeblich durch den Silanolgruppengehalt der Glasseidenoberfläche beeinflußt. Das maximale ζ-Potential ist um so kleiner, je höher der Silanolgruppengehalt und damit die Hydratationsfähigkeit ist, da die Oberflächenkräfte durch eine Hydratation abgesättigt werden. Die Haftfestigkeit der untersuchten Glasseiden gegenüber Polymeren ist demzufolge ihrem maximalen ζ-Potential in KCl-Lösungen proportional.

Durch eine Säurebehandlung wird der Silanolgruppengehalt erhöht und das maximale ζ-Potential erniedrigt. Eine thermische Behandlung bewirkt eine Kondensation der Silanolgruppen und eine Erhöhung von ζ_{max}. Glasseiden, die mit Chromkomplexen, Aluminiumoxiddispersionen oder Kationtensiden behandelt worden waren, zeigen eine Erniedrigung des negativen ζ-Potentials bzw. eine Vorzeichenumkehr. Eine Ausrüstung mit Aniontensiden beeinflußt das ζ-Potential nur geringfügig. Der Einfluß von Kationtensiden auf die Naßfestigkeit von Glasseide wird diskutiert.

Literatur

[1] *Jacobasch, H.-J.:* Elektrokinetische Untersuchungen an Faserstoffen. Faserforsch. u. Textiltechnik **20** (1969) 4, S. 191—196.
[2] *Jacobasch, H.-J.:* Elektrokinetische Messungen zur Interpretation von Anschmutzungs- und Waschvorgängen. Dt. Textiltechnik **20** (1970) 10, S. 649—653.
[3] *Wiedemann, G.:* Untersuchungen zur Morphologie der Glasseide. Faserforsch. u. Textiltechnik **22** (1971) 4, S. 192—202.
[4] *Gärtner, K.*, und *Grießbach, R.:* Oberflächenverhalten thermisch gealterter Kieselgele. Kolloid-Z. **164** (1959) 1, S. 8—13.
[5] *Zuralev, L. T.*, und *Kiselev, A. V.:* Konzentration von Hydroxylgruppen an der Oberfläche von SiO_2. Ž. fizič. Chimii (Z. physik. Chemie) **39** (1965) S. 453—455.
[6] *Boehm, H.-P.*, und *Schneider, M.:* Über die Hydroxylgruppen an der Oberfläche des amorphen Siliciumdioxids „Aerosil" und ihre Reaktionen. Z. anorg. allg. Chem. **301** (1959) S. 326—335.
[7] *Young, G. J.:* Interaction of water vapor with silicia surfaces. J. Colloid Sci. **13** (1958) S. 67—85.
[8] *Stark, F. O.*, *Johannson, O. K.*, *Vogel, G. E.*, *Chaffee, R. G.*, und *Larefield, R. M.:* The interaction between trialkylsilanes and E-glass or Aerosil surfaces. Reactions of trimethylsilanol. trimethylchlorosilane, and hexamethyldisilazane. J. physic. Chem. **72** (1968) 8, S. 2750 bis 2754.
[9] *Naccache, C.*, und *Imelik, B.:* Etude de la dehydratation du silicagel. Bull. Soc. chim. France (1961) S. 553—558.
[10] *Aslanova, M. S.:* Einfluß der chemischen Zusammensetzung des Glases auf die Adhäsion von Polymeren. Glastechn. Ber. **32** (1959) 11, S. 459—463.
[11] *Aslanova, M. S.:* Properties of inorganic fibers of different glass systems. Physic. non cryst. Sol. (1966) S. 653—660.
[12] *Martin, H.*, und *Renner, U.:* Ein einfaches Verfahren zur Bestimmung der Haftfestigkeit zwischen Textilgewebe und Kunstharz. Plaste u. Kautschuk **6** (1959) 7, S. 327—328.
[13] *Malkina, A. D.*, und *Derjagin, B. W.:* Adhäsion von Quarzfäden. Kolloid. Ž. **12** (1950) S. 431—447.
[14] *Wiedemann, G.*, und *Lorkowski, H.-J.:* Grenzflächenverhalten textilglasfaserverstärkter Kohlenwasserstoffharze. Ber. über die II. Internat. Tagung über glasfaserverstärkte Kunststoffe und Gießharze 1967, S. J 5/1—16.
[15] *Bobeth, W.:* Untersuchungen über die Wasserempfindlichkeit von Glasfasern im unverarbeiteten und verarbeiteten Zustand. Faserforsch. u. Textiltechnik **3** (1952) 4, S. 142—146.
[16] *Bobeth, E.:* Zur Verbesserung der Naßfestigkeit von Glasfaserstoffen. Silikattechnik **4** (1953) 12, S. 537 bis 542.
[17] *Bennewitz, R.*, *Bobeth, W.*, und *Dittmann, H.:* Zum chemischen und physikalischen Verhalten der Glasfasern in Wasser. Faserforsch. u. Textiltechnik **6** (1955) 9, S. 391—398.
[18] *Müller, U.*, und *Wiedemann, G.:* Über Eigenschaften thermisch-chemisch nachbehandelter Glasseidengewebe. Teil III: Zur Adsorption von organofunktionellen Silanen und Chromkomplexverbindungen an Glasseide. Faserforsch. u. Textiltechnik **20** (1969) 1, S. 10—20.
[19] *Kanamaru, K.:* Wasseraufnahme in ihrer Beziehung zur zeitlichen Erniedrigung des ζ-Potentials von Fasern in Wasser. Kolloid-Z. **168** (1960) S. 115—121.
[20] *Jacobasch, H.-J.:* Über die physikalisch-chemischen Grundlagen des Anschmutzungs- und Haftverhaltens von Faserstoffen. Textilveredlung, Weinfelden/Schweiz **5** (1970) 5, S. 385—391.

Eingegangen am 14. Februar 1972

Laborspinnapparatur für Viskosefäden

Heinz Buschatz

Deutsche Akademie der Wissenschaften zu Berlin, Institut für Faserstoff-Forschung in Teltow-Seehof

Während der Durchführung der vorliegenden Untersuchungen wurde die Abteilung „Cellulosefaserstoffe" von Frau Dr. *A. Gröbe* geleitet

DK 677.463:677.021.125.26-913.3.677.051.125.26-913.3:677.021.125.261

Die Viskose wird mit Hilfe einer Zahnradpumpe direkt gefördert. Für die Entnahme einer Fadenprobe nach verschiedenen Reaktionszeiten wird bei entsprechenden Abständen von der Spinndüse ein Einzelfaden aus einem Fadenkabel von 24 oder 30 Einzelfäden abgezweigt, aus dem Bad gelenkt und auf eine Galette aufgewickelt. Beim Auflaufen auf die Galette erfolgt eine ständige Besprühung des Fadens mit einer eisgekühlten Abstopplösung, um die Wirkung des anhaftenden Spinnbades abzubrechen.

Лабораторная аппаратура для формования вискозного волокна

Подача вискозного прядильного раствора осуществлялась непосредственно при помощи шестеренчатого насоса. С целью отбора образцов волокна в различных стадиях реакции на соответствующих расстояниях от фильеры из жгута в 24 или 30 элементарных волокон отбиралось одно элементарное волокно, которое затем наматывалось на диск. При наматывании волокно для прекращения воздействия увлеченной им осадительной ванны обрызгивалось раствором, охлажденным льдом.

Laboratory Spinning Device for Viscose Filaments

Uing a tooth weel pump the viscose was directly conducted to a spinneret forming filament tow. Samples of individual filaments formed during different periods of time were separated at different distances from the spinneret and withdrawn from the spinning at h by winding on a godet. During winding the filaments were sprayed with a cooled solution inhibiting the reaction of the spinning bath liquid adhearing to the filament.

1. *Einleitung und Aufgabenstellung*

Laborspinnapparaturen sind in der Literatur von mehreren Autoren beschrieben worden [1 bis 7]. Zur mikroskopischen Beobachtung des Fadendurchmessers und zur Bestimmung des Durchsäuerungspunktes wurden von uns bereits früher Laborspinnapparaturen entwickelt [3, 4].

Bei den in der Literatur beschriebenen Vorrichtungen wurde die Spinnlösung vielfach mit Druckluft durch die Spinndüsen gepreßt. In diesen Fällen sorgte ein Quecksilbermanostat für einen konstanten Luftdruck [1, 2, 4]. Die Benutzung dieses Förderprinzips setzt voraus, daß man die Beziehung wischen der Viskosität der Viskose, dem Luftdruck und der geförderten Spinnlösung genau kennt und streng einhält. Die Viskosität der Viskose ist unmittelbar vor dem Spinnen bei der jeweiligen Spinnbadtemperatur zu bestimmen. Die Nachteile der indirekten Viskoseförderung mit Hilfe von Druckluft ergeben sich aus der Kompressibilität der letzteren. Wenn sich die Öffnungen der Spinndüse teilweise zusetzen, verringert sich trotz gleichbleibenden Luftdruckes die austretende Viskosemenge. Dieser Nachteil wird vermieden, wenn man Kolben- oder Zahnradpumpen benutzt. Mit ihrer Hilfe kann die Viskose direkt oder — mittels eines inkompressiblen Übertragungsmediums — indirekt ausgepreßt werden. Zum Spinnen von Einzelfäden sind Präzisionskolbenpumpen nötig, weil nur sie sehr kleine Mengen hinreichend genau fördern können. Die kontinuierlich fördernden Zahnradpumpen sind bei den größeren Durchsätzen für Mehrlochdüsen gegenüber den diskontinuierlichen Kolbenpumpen im Vorteil.

Die bei der indirekten Förderung benutzte Überträgersubstanz muß sich gegenüber der Viskose und ihren Zusätzen neutral verhalten. *Törnell* [5] und *Treiber* [7] verwendeten für diesen Zweck ein Öl (Zähigkeit 30 bzw. 50 °SAE). Durch die indirekte Förderung ist es möglich, kleine Viskosevorratsbehälter in Düsennähe anzuordnen. Das bedeutet, daß diese Maschinen sehr sparsam im Viskoseverbrauch sind, da in den kurzen Zuleitungen vom Vorratsgefäß zur Düse nur sehr wenig Viskose nach dem Versuch zurückbleibt. Die zu spinnenden Viskosechargen können schnell ausgewechselt und die Apparaturen nach dem Versuch bequem gereinigt werden. Das ist besonders beim Spinnen unterschiedlich zusammengesetzter Viskosen (z. B. mit verschiedenen Modifikatoren) innerhalb eines Versuches von Vorteil.

Bestimmend für den Aufbau der im folgenden beschriebenen Laborspinnapparatur war die Forderung, die chemischen und morphologischen Reaktionen zu untersuchen, die während des Spinnprozesses im Faden ablaufen. Es sollten die Abhängigkeit der chemischen und morphologischen Reaktionen von der Säurekonzentration und der Temperatur des Spinnbades sowie der Einfluß des Modifikatorzusatzes zur Viskose bestimmt werden.

Für diese Untersuchungen war es notwendig, eine Laborspinnapparatur zu schaffen, an der die Ausspritzgeschwindigkeit der Viskose und die Abzugsgeschwindigkeit des Fadens sowie die Säurekonzentration und die Temperatur des Spinnbades mit der erforderlichen Genauigkeit eingehalten werden konnten. Die Spinnapparatur hatte keine Einrichtungen für die Reckung, Nachbehandlung und Trocknung. Für Untersuchungen des Gesamtprozesses stand eine Technikumsmaschine zur Verfügung.

2. Aufbau und Funktionsweise

Es sollten die Vorgänge untersucht werden, die beim technischen Prozeß im ersten Bad ablaufen, deshalb war nur eine Spinnbadwanne erforderlich. Zum Spinnen werden Viskoseseidendüsen mit 24 oder 30 Öffnungen von jeweils 80 µm Durchmesser benutzt. Ausspritz- und Abzugsgeschwindigkeit betragen 10 m/min. Die Viskose wird direkt mit einer Zahnradpumpe gefördert. Ein Vorratsgefäß von 500 ml Fassungsvermögen aus V4A-Stahl ist mit einer Zahnradpumpe so verbunden, daß ein möglichst kurzer Weg vom Viskose-Vorratsbehälter bis zur Spinndüse entsteht (Bild 1).

Nach jedem Versuch bleibt nur wenig Viskose in der Zuleitung zurück, und die gesamte Apparatur kann leicht gereinigt werden. Die Zahnradpumpe hat eine Förderleistung von 0,3 ml/U. Sie wird von einem Präzisionsgetriebemotor[1]) angetrieben, dessen Drehzahlen von 1 bis 10 U/min stufenlos regelbar sind.

Bei einer Ausspritzgeschwindigkeit von 10 m/min und Verwendung von Düsen mit 24 bzw. 30 Öffnungen

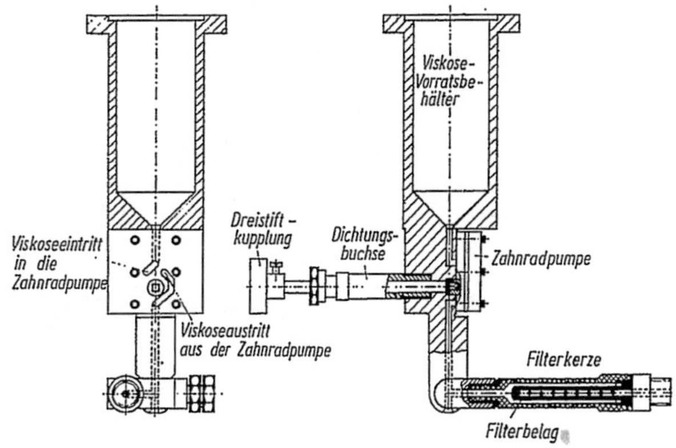

Bild 1. Viskose-Vorratsbehälter mit Zahnradpumpe

von 80 µm Durchmesser ergeben sich für die Zahnradpumpe folgende Umdrehungszahlen: bei 24 Öffnungen 4,03 U/min und bei 30 Öffnungen 5,02 U/min.

Durch Messen der Masse bzw. des Volumens der während einer bestimmten Zeit geförderten Viskosemenge wurden die Ausspritzgeschwindigkeiten überprüft. Der Zusammenhang zwischen der geförderten Viskosemenge und der Ausspritzgeschwindigkeit ist durch die Formel

$$Q = \frac{V \cdot Z \cdot d^2 \pi}{4}$$

gegeben.

Q = geförderte Menge in ml/min,
V = Ausspritzgeschwindigkeit in m/min,
Z = Zahl der Düsenlöcher,
d = Düsenlochdurchmesser in mm.

Bild 2 zeigt die Gesamtansicht der Laborspinnapparatur. Außer dem Spinnbadbehälter sind alle Teile auf ein Stahlrohrgestell montiert. In der Zeichnung, mit 2 und 3 bezeichnet, sind die Kombination aus Viskosevorratsgefäß und Zahnradpumpe sowie der Getriebemotor dargestellt. Das Vorratsgefäß ist hier mit einem Temperiermantel aus Stahlblech umgeben. Über die gläserne Spinnpfeife gelangt die Viskose durch die Düse in das Spinnbad. Der Fadenführer zum Ablenken des Fadens, die Galette 15 zur Aufnahme der Fadenprobe und die Einrichtung zum Bespülen der Fadenprobe sind in Abständen zwischen 0 und 1600 mm von der Düse auf einer Schiene verstellbar. Die Laborspinnapparatur ermöglicht es, sowohl wenig als auch weitgehend zersetzte Fadenproben zu entnehmen. Die Seitenwände der Spinnbadwanne bestehen aus Vinidur, ihr Boden aus Plexiglas. Der durchsichtige Boden ermöglicht es, bei optischen Betrachtungen des Fadenbildungsprozesses — z. B. bei Neutralpunktsmessungen — Mikroskopierleuchten oder Fotoblitzgeräte unterhalb der Spinnbadwanne anzubringen und das Objekt im durchfallenden Licht zu betrachten oder zu fotografieren.

Das Spinnbad wird dauernd durch eine Zentrifugalpumpe[2]) aus Jenaer Glas umgewälzt. Vor seinem Eintritt in die Spinnbadwanne wird es durch eine Glaswolleschicht filtriert. Die in Bild 2 angedeuteten, gegeneinander versetzten Siebplatten bewirken eine laminare

[1]) Stufenlos regelbarer Getriebemotor Typ RZG II von der Firma Heidolph, Wien.

[2]) Umlaufpumpe 100 für Laboratoriumszwecke. Herstellerwerk: VEB Jenaer Glaswerk Schott & Gen., Jena.

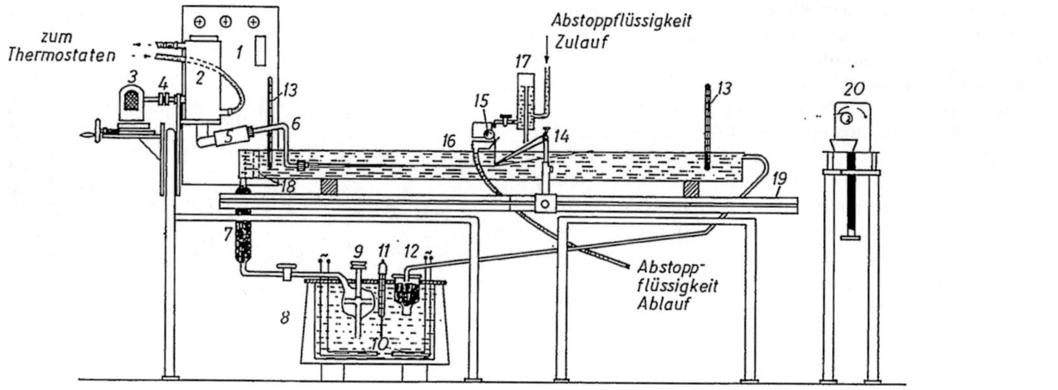

Bild 2. Schema der Laborspinnapparatur

1 *elektr. Schalttafel*
2 *Spinngefäß mit Temperiermantel*
3 *Getriebemotor für die Zahnradpumpe*
4 *Dreistift-Kupplung*
5 *Filterkerze*
6 *gläserne Spinnpfeife*
7 *Spinnbadfilter (Zulauf)*
8 *Spinnbadbehälter mit Isolation*
9 *gläserne Zentrifugalpumpe*
10 *Heizkörper*
11 *Kontaktthermometer*
12 *Spinnbadfilter (Rücklauf)*
13 *Kontrollthermometer*
14 *Stativ mit Fadenumlenkung*
15 *Motor mit Gallette zur Probenentnahme*
16 *Auffangwanne für Abstoppflüssigkeit*
17 *Überlaufgefäß für Abstoppflüssigkeit*
18 *Siebplatten*
19 *Schiene*
20 *Galette mit automatischer Changierung zum Abzug des restlichen Fadenkabels*

Strömung des Spinnbades in der Abzugsrichtung des Fadens. Vor der Rückführung in den Spinnbadbehälter läuft das Bad über ein mit Glaswolle und Aktivkohle beschicktes Filter. Der Spinnbadbehälter bestand anfänglich aus einem rechteckigen, 40 l fassenden Bleibehälter. Später wurde er durch einen beidseitig gummierten Stahlbehälter mit 90 l Inhalt ersetzt.

Für die konstante Badtemperatur sorgen zwei verbleite Heizkörper. Der größere von beiden (2000 W) heizt ständig während des Versuches. Seine Leistungsabgabe wird mit Hilfe eines vorgeschalteten Regeltransformators so eingestellt, daß die Temperatur nur wenige Grade unter dem Sollwert liegt. Der kleinere Heizkörper (500 W) wird durch ein Relais mit Kontaktthermometer geregelt. Das Kontaktthermometer ist möglichst nahe am Heizkörper angeordnet. Der Spinnbadbehälter ist äußerlich gegen Wärmeverluste isoliert und außerdem mit einem Kunststoffdeckel abgeschlossen, um zu vermeiden, daß sich das Spinnbad durch Wasserverdunstung aufkonzentriert. Die Konstanz der Badzusammensetzung wird durch Analysen vor und nach dem Spinnen geprüft. Die in der Spinnbadwanne gemessenen Temperaturen des Bades schwanken maximal um $\pm$ 0,2 grd, wenn die Solltemperatur 70,0 °C beträgt.

Ungefähr 10 bis 15 h vor Versuchsbeginn wird die Viskose, nachdem sie zuvor entlüftet worden ist, in das Vorratsgefäß der Modellspinnapparatur eingefüllt. Die Viskose wird vorsichtig in das Vorratsgefäß gegossen, um zu vermeiden, daß beim Umfüllen erneut Luftblasen in die Viskose gerissen werden. Einzelne, eventuell hineingelangte Luftblasen können in der Zeit bis zum Spinnen wieder aufsteigen.

3. *Entnahme der Fadenproben*

Will man den Verlauf des Fadenbildungsprozesses kinetisch verfolgen, so ist es nötig, nach bestimmten Reaktionszeiten die chemische Zusammensetzung des Fadens zu analysieren. Das bedeutet: Der Fadenbildungsprozeß ist nach verschiedenen Düsenabständen durch geeignete Maßnahmen augenblicklich zu unterbrechen, und es ist dafür zu sorgen, daß der Gehalt an den zu bestimmenden Substanzen nicht verändert wird.

Zur Probenentnahme wird nach einer bestimmten Entfernung von der Düse ein einzelner Faden vom Fadenkabel abgezweigt, aus dem Bad gelenkt und auf die Galette 15 aufgewickelt. Die übrigen Fäden des Kabels werden von der zweiten Galette abgezogen. Der auflaufende Einzelfaden wird ständig mit einer Abstoppflüssigkeit bespült, um die Fadenbildungsreaktion zu beenden. Aus der Entfernung, die der Faden von der Düse bis zum Verlassen des Spinnbades zurückgelegt hat, kann die entsprechende Reaktionszeit errechnet werden.

Es wird nur ein einzelner Faden vom Fadenkabel abgezweigt, aus dem Bad gelenkt und aufgewickelt, da festgestellt wurde, daß bei der gleichzeitigen Aufwicklung mehrerer Fäden durch die Kapillarwirkung des Fadenkabels Spinnbad mitgeschleppt wird. Das führt leicht zu einem verzögerten Abbruch der Fadenbildungsreaktion und damit zu einer chemischen Zusammensetzung des Fadens, die nicht der tatsächlichen Verweilzeit des Fadens im Spinnbad entspricht. Ein Einzelfaden schleppt wenig Spinnbad mit, und seine gesamte Oberfläche kann augenblicklich mit einem Überschuß des Abstoppmittels bespült werden.

Das Ablenken eines Einzelfadens am Fadenführer ist dem Spinnen mit einer Einlochdüse vorzuziehen. Der geringe Viskosedurchsatz beim Spinnen mit einer Einlochdüse führt dazu, daß die Viskose sehr lange Zeit in dem vom Spinnbad erwärmten Teil der Spinnpfeife und der Düse verweilt. Durch die Wärme kann die Viskose bereits innerhalb der erwärmten Teile koagulieren.

Als Abstopplösung dient meist eine eisgekühlte Glycerin/Wasser-Mischung im Volumenverhältnis 20:80. Werden natriumionenhaltige Lösungen als Abstoppflüssigkeit benutzt, so wird ein erheblicher Teil des Zinks aus dem Zinkcellulosexanthogenat gegen Natrium ausgetauscht [8 bis 11].

Die Bespülung mit Glycerin/Wasser bildet gleichzeitig den ersten Schritt eines Präparationsverfahrens für die Anfertigung von Fadenfeuchtabdrücken zur elektronenmikroskopischen Untersuchung von Fadenproben. Wenn kein Zink im Faden bestimmt werden soll, eignet sich auch 1 n Natriumacetatlösung als Abstoppflüssigkeit.

4. *Schlußbemerkungen*

Die eingangs genannte Aufgabe, das Erspinnen von Fadenproben für reaktionskinetische Untersuchungen am entstehenden Viskosefaden, konnte mit der beschriebenen Laborspinnapparatur erfüllt werden. Dennoch sollte die Apparatur verbessert werden, damit sie zukünftig universeller einsetzbar ist. So ist das Fehlen von Reck-, Nachbehandlungs- und Trocknungsorganen ein Mangel. Auf diese Einrichtungen war verzichtet worden, weil eine Technikumsmaschine zur Verfügung stand. Wenn es sich als notwendig erweist, die unter bestimmten Versuchsbedingungen ersponnenen Fäden auch textilphysikalisch zu charakterisieren, so sollten die dafür notwendigen Proben gleich demselben Versuch entnommen werden können. Weiterhin sollten keine Bauteile aus Vinidur oder Gummi verwendet werden. Polypropylenteile haben demgegenüber den Vorteil, daß sie auch mit organischen Lösungsmitteln in Berührung kommen dürfen. Anstelle der verbleiten Heizkörper sind solche aus Quarz zu empfehlen. Eine weitere Möglichkeit, die Maschine universeller einsetzbar zu machen, wäre die Verwendung thyristorgeregelter Antriebe, denn sie erlauben es, die Drehzahlen in außerordentlich weiten Bereichen ohne Verlust des Drehmoments zu verändern. Dabei wird die gewählte Tourenzahl mit höchster Konstanz eingehalten.

Literatur

[1] *Oka, E., Numata, Y., Shohara, K.,* und *Yokouchi, R.:* Studies on the mechanism of viscose spinning. J. Soc. Textile Cellulose. Ind. Japan **9** (1953) S. 590—593; S. 594—596.

[2] *Cumberbirch, R. J. E.,* und *Harland, W. G.:* The degree of polymerization and its distribution in cellulose rayons. J. Textile Inst. **50** (1959) S. T311—T334.

[3] *Klare, H.,* und *Gröbe, A.:* Untersuchungen über die Bildung von Celluloseregeneratfäden aus Viskose. Faserforsch. u. Textiltechnik **6** (1955) S. 97—105.

[4] *Haudel, G.:* Untersuchungen zum Viskosespinnprozeß (unter besonderer Berücksichtigung der Schwefelnebenprodukte der Viskose). Dissertation TH Leuna-Merseburg 1964.
Gröbe, A., Maron, R., Haudel, G., und *Klare, H.:* Aufbau und Erprobung einer Laborspinnapparatur zur Herstellung von Viskosekapillarfäden. Faserforsch. u. Textiltechnik **13** (1962) S. 264—269.

[5] *Törnell, B.:* Determination of xanthate groups in viscose filaments during spinning. Svensk Papperstidn. **67** (1964) S. 756—763.

[6] *Heyer, H. J.:* Untersuchungen zur Fadenbildung beim Naßspinnen von Polyacrylnitrilfasern. Dissertation Humboldt-Universität Berlin 1967.

[7] *Treiber, E.,* und *Johnsson, S.-E.:* Die neue Universal-Laboratoriumsspinnmaschine am schwedischen Holzforschungsinstitut. Svensk Papperstidn. **73** (1970) S. 344 bis 347.

[8] *Gröbe, A., Pekala, T., Jost, H., Maron, R.,* und *Klare, H.:* Untersuchungen zum Ionenaustausch an Zinkcellulosexanthogenat. Faserforsch. u. Textiltechnik **14** (1963) S. 131—140.

[9] *van de Ven, A. M.:* Zur Frage der Zinkcellulosexanthogenatbildung beim Spinnen von Viskosefäden mit $ZnSO_4$-haltigem Spinnbad. Faserforsch. u. Textiltechnik **13** (1962) S. 262—264.

[10] *Finger, G. G., Mogilevskij, E. M., Bakseev, I. P.,* und *Finkel'stejn:* Bestimmung des Zinkxanthogenats in der frisch ersponnenen Viskosefaser. Chim. Volokna (Chem. Fasern) (1964) 5, S. 48—49; dt. in: Sowj. Beitr. Faserforsch. Textiltechnik **16** (1965) S. 130—132.

[11] *Buschatz, H.:* Methode und Ergebnisse reaktionskinetischer Untersuchungen am Viskosespinnprozeß. Dissertation Universität Rostock 1971.

Eingegangen am 9. April 1971

Neue Bücher

Preparative Methods of Polymer Chemistry. Second Edition. Von *Wayne R. Sorenson* und *Tod W. Campbell.* New York/London/Sydney/Toronto: Interscience Publ. 1968. XI, 504 S. Lwd. 140 s.

Laboratoriumsbücher mit erprobten Synthesevorschriften sind seit langem ein notwendiges Hilfsmittel für den präparativ arbeitenden Chemiker. Der vor 10 Jahren in erster Auflage erschienene „*Sorensen/Campbell*" füllte in dieser Hinsicht eine Lücke für alle die Fachkollegen aus, die eine solche Vorschriftensammlung bei der Aufnahme neuer Arbeitsrichtungen, zur Herstellung von Vergleichssubstanzen, zur Synthese von Hilfsmitteln oder für Lehr- und Ausbildungszwecke benötigten. Die 1968 herausgegebene 2. Auflage ist gegenüber der 1. Ausgabe (deutsche Übersetzung 1962 im Verlag Chemie/BRD) um nahezu 150 neue Vorschriften erweitert worden.

Die Kapitelordnung (Bemerkungen zur Herstellung, Verarbeitung und Charakterisierung von Polymeren; Polykondensation und Polyaddition; Polymere aus ungesättigten Monomeren; Ringöffnungspolymerisation; nichtklassische Polymersynthesen; Vernetzte synthetische Polymere) wurde beibehalten.

Bei den allgemeinen Vorschriften sind Angaben über Vinylpolymerisationen unter Druck (u. a. Hochdruckbürette) über Laborrührgefäße für Polymersynthesen, über Einrichtungen zum Ausfällen von Polymeren und ein Abschnitt über Thermoanalyse hinzugekommen. Schnittzeichnungen von Geräten und Apparaturen sind sehr zu begrüßen. Die Fotos kompakter Pressen, Spritzgußmaschinen und Spinneinrichtungen dagegen sind für den Laborpraktiker, der nachnutzbare Methoden erfahren möchte, nur schmückendes Beiwerk in diesem Buche. Man sollte sie daher künftighin weglassen.

Die Erweiterung der Vorschriftenpalette verteilt sich über fast alle Kapitel; nur das Kunstharz-Kapitel ist nahezu unverändert geblieben.

In das Kapitel „Polykondensation und Polyaddition" wurden ca. 60 neue Präparate aufgenommen. Erweiterungen ergaben sich z. B. bei Polyurethanen und Polycarbonaten. Als neue Reaktionstypen findet man u. a. die Polyaddition von *p*-Xylylen-bis-acrylat mit H_2S, Umsetzungen von Bis-β-Chlorcarboxyäthylterephthalat bzw. von Poly(diphenylolpropan-carbonat) mit Piperazin sowie eine Polysulfonsynthese aus Dihydroxydiphenylpropan und 4.4'-Dichlordiphenylsulfon beschrieben. Etwa 15 Präparate vermitteln Experimentaltechnikern zur Synthese neuer, hochtemperaturbeständiger Polymerer. Die Beispiele für anorganische Polykondensate sind wesentlich erweitert worden. Als neue Polymere werden über ausführliche Vorschriften zugänglich gemacht: Poly-oxo-fluoro-schwefelnitrid und ein Polychelat aus Zink und Dibutyl- sowie Dioctyl-phosphinsäure.

Bei den Vinyl- und Dienpolymerisationen sind im Vergleich zur ersten Auflage an die 25 neue Vorschriften hinzugekommen. Als Einzelbeispiele seien genannt: ABS-Polymere, kristallines PVC, Dehydrochlorierung von PVC mit LiCl in Dimethylformamid, Polyvinyl-chlorameisensäureester, Polyacrolein, Polyvinylidenfluorid, optisch-aktives Polybenzofuran, iso- und syndiotaktische Polymethyl-methacrylate, APT-Polymere, syndiotaktisches 1.2-Polybutadien, Polysulfone aus Propylen bzw. Butadien bzw. cis, cis-1.5-Cyclooctadien mit SO_2, Polypentadiene, Polyallene und Polyhexatriene. Auch einige Applikationstechniken wurden aufgenommen, so beispielsweise die Beschichtung von Papier oder Gewebe mit PVC-Plastisolen. Varianten der Butadien- und Isopropen-Polymerisation mittels ionisch-koordinativ wirksamer Katalysatoren werden ausführlich behandelt.

Auch das Kapitel „Ringöffnungspolymerisationen" wurde um ca. 25 neue Vorschriften zur Polymersynthese erweitert. So findet man als neue Produkte bzw. Synthesen u. a.: Polypiperidon durch aktivierte anionische Polymerisation des Lactams, Polymerisationen von β-Lactamen und von Sultamen, Polymerisationen von Leuchs'schen Körpern, Polyepichlorhydrin, Herstellung und Polymerisation von Epoxicyclohexan, Polymerisation von Cyclopenten, Herstellung und Polymerisation des symmetrischen Tetramethyl-1.3-sila-cyclobutans sowie Gewinnung und Polymerisation von Tetrafluoro-1.2.3-trithiolan. Kritisch anzumerken ist, daß N-Acetylcaprolactam, einer der Aktivatoren der anionischen Caprolactampolymerisation, unverändert falsch als Katalysator der Polymerisation bezeichnet wird.

Die Zahl der Synthesebeispiele bei den nichtklassischen Polymerbildungsreaktionen hat erwartungsgemäß besonders stark zugenommen. Man findet in diesem Kapitel jetzt auch Trioxanpolymerisationen, die *Tiščenko*-Polyreaktion von Terephthalaldehyd zu Poly-p-hydroxymethylbenzoat, Diisocyanat-Polymerisationen, Polycarbodiimid-Synthesen und völlig neue Abschnitte über Polyacetylene, Polydimethylketene, Polyisonitrile und *Diels/Alder*-Polymere. Die Poly-p-xylylen-Synthese über das Dimere wird für den Grundkörper und für substituierte Produkte behandelt.

Nach Auffassung des Rezensenten sollte die Neuauflage dieses Buches in präparativ arbeitenden Polymerforschungseinrichtungen mit zur Standardausrüstung gehören.

G. Reinisch

An Introduction to Ultracentrifugation. Von *C. J. Bowen* writen Contributions by *A. J. Rowe.* London/New York/Sydney/Toronto: Wiley-Interscience 1971. XVIII, 171 S. Brosch. £. 2.50.

In erster Linie ist diese Buch als Einführung für Studenten in die Ultrazentrifugentechnik gedacht, und es basiert auf zwanzigjähriger Vorlesungserfahrung auf diesem Gebiet. Dabei wird bewußt versucht, mit einem Minimum an mathemathischem Aufwand auszukommen. Dieser Versuch scheint dem Rezensenten vollauf gelungen. Nach einem kurzen Überblick über die Grundlagen für die Anwendung von Ultrazentrifugen wurden einige der analytischen und präparativen Ultrazentrifugen in Wort und Bild vorgestellt, wobei von den bekanntesten eigentlich nur die Geräte der Firma Phywe fehlen. Danach folgt ein Abschnitt über die verschiedenen optischen Meßverfahren, ihre Anwendung und die für besondere Meßmethoden erforderlichen Spezialzellen. Im vierten Kapitel werden die verschiedenen Möglichkeiten zur Ermittlung der Sedimentations- und der Diffusionskonstanten in der Ultrazentrifuge kurz angerissen und einige der erforderlichen Korrekturen der Meßwerte behandelt, ohne aber z. B. auf Druck- und Verdünnungskorrekturen einzugehen. Außerdem scheint der Diffusionskoeffizient mit 9 Seiten gegenüber der Sedimentationskonstanten mit nur 7 Seiten zu stark berücksichtigt. Der nächste Abschnitt bringt dann den mathematisch schwierigsten Teil der Ultrazentrifugentechnik mit der Gleichung von *Lamm.* Daneben wird in diesem Abschnitt die Ermittlung des partiellen spezifischen Volumens kurz gestreift. Das sechste Kapitel befaßt sich dann mit der eigentlichen Ermittlung der rel. Molekülmassen nach den verschiedenen möglichen Methoden und das siebente Kapitel mit der Bestimmung molekularer Parameter unter besonderer Berücksichtigung von Sedimentations/Viskositäts-Messungen. Die quantitative Analyse von Mischungen ist Gegenstand des achten Kapitels, wobei in diesem Zusammenhang unter Mischungen Systeme verstanden werden, in denen durch Polymerisation, Assoziation, Komplexbildung oder Gelbildung Teilchen unterschiedlicher Größe vorliegen. Auf die Untersuchung der für lineare Hochpolymere typischen und so wichtigen Verteilung der rel. Molekülmasse wird nicht eingegangen. Die Anwendung der präparativen Ultrazentrifuge auf Trennprobleme behandelt das neunte Kapitel. Dabei wird der zweckmäßigen Verwendung der unterschiedlichen Rotortypen besondere Beachtung geschenkt. Die beiden letzten Kapitel sind speziellen Anwendungen der Ultrazentrifuge auf biologische Probleme sowie Fragen, Aufgaben und Antworten zu einigen speziellen Problemen bei der Verwendung von Ultrazentrifugen gewidmet.

Zu jedem Kapitel gehört ein Literaturverzeichnis, in dem die wichtigsten Arbeiten bis etwa 1967 erfaßt sind. Das tiefere Eindringen in besondere Probleme wird dadurch wesentlich erleichtert. Da das Buch für die Ausbildung von Biochemikern und -physikern konzipiert wurde, fehlen verständlicherweise einige spezielle Aspekte der Linearpolymeren. Trotzdem kann jeder, der sich mit Ultrazentrifugen befaßt, dem Buch wertvolle Anregungen entnehmen, da die verschiedenen Meßmethoden allgemeingültig und nicht auf spezielle Polymertypen wie z. B. die als Beispiele verwendeten Biopolymeren beschränkt sind. Insbesondere dem Anfänger auf diesem Gebiet kann das Buch wärmstens empfohlen werden.

K.-J. Linow

Patentschau

Auszug aus der Lieferung 21/22/1971 der Patentschau „Faserstoffe und Textiltechnik", Ausgabe A: Faserstoffe einschl. Kunststoffe und organ. Grundsubstanzen, zusammengestellt von der Abteilung Wissenschaftliches Berichtswesen des Instituts für Faserstoff-Forschung der DAW, 153 Teltow-Seehof, Kantstr. 55

Die Patentschau ist nach der Internationalen Patentklassifikation (IPC) gegliedert. Es bedeuten: DDP = DDR-Patent; DBP = Deutsches Bundespatent; DAS = (West)-Deutsche Auslegeschrift; DOS = (West)-Deutsche Offenlegungsschrift; OeP = Österreichisches Patent; PoP = Polnisches Patent; SzP = Schweizer Patent; FrP = Französisches Patent; GBP = Britisches Patent; JaP = Japanisches Patent; SvP = Schwedisches Patent; SUP = Sowjetisches Patent; ČSP = Tschechoslowakisches Patent; USP = Amerikanisches Patent; A = Anmeldedatum, O bzw. B = Tag der Ausgabe der Offenlegungs-, Auslege- bzw. Patentschrift.

Sektion B. Arbeitsverfahren

Klasse B 65. Fördern, Packen, Lagern, Handhaben dünner oder fadenförmiger Werkstoffe

Klasse B 65h.
Behandeln von dünnem oder fadenförmigem Gut, z.B. Folien, Gewebe, Kabel

DAS 1774696. Reibwalze zum Antreiben von Aufwickelspulen am Umfang. Erf.: *Lothar Marbacher, Gustrav Franzen, Ulrich Lossa* u. *Jan Gutowsky.* Anm.: Palitex Project-Co. GmbH, 4150 Krefeld (DB). A. 16. 8. 68, B. 29. 7. 71. Kl.: 47k, 5/16, Int. Kl.: B 65h 17/06. A.-Z.: P 1774696.

SUP 307961 (Urheberschein). Fadenablegemechanismus. Erf.: *A. Ch. Saryčev* u. *V. A. Žluduev.* A. 19. 5. 69, B. 1. 7. 71. Int. Kl.: B 65h 54/36. A.-Z.: 1330400/28-12.

Sektion C. Chemie und Metallurgie

CHEMIE

Klasse C 03. Glas; Mineral- und Schlackenwolle

Klasse C 03b. Herstellung, Formgebung und Nachbehandlungsverfahren

DOS 1596510. Verfahren und Vorrichtung zur Herstellung von Glasfäden. Erf.: *Herbert Vissers.* Anm.: Landbouwwerktuigen-en Maschinefabrick H. Vissers N. V., Nieuw-Vennep (Nd). A. 27. 4. 67, O. 11. 2. 71. Kl.: 32a, 37/00, 37/10, Int. Kl.: C 03b 37/00, 37/10. A.-Z.: P 1596510 (L 56372). Prior.: 10. 6. 66 (Nd; A.-Z.: 6608058).

GBP 1242921. Herstellung von Glasfäden. Inh.: Pilkinton Bros. Ltd.; J. V.; Alderson, u. L. C. Cook. A. 27. 1. 69, B. 18. 8. 71. Kl.: C 1M, Int. Kl.: C 03b 37/02, C 22c 5/00. A.-Z.: 4503/69.

USP 3565683. Beschichtete Fäden. Erf.: *Charles R. Morelock.* Inh.: General Electric Co. A. 21. 3. 68. B. 23. 2. 71. Kl.: 117-215, Int. Kl.: B 44d 1/18. 4 Anspr. A.-Z.: 714 853.

Klasse C 07. Organische Chemie

Klasse C 07c. Acyclische und carbocyclische Verbindungen

USP 3584039 Zus. z. Pat. m. A.-Z.: 351506. A. 12. 3. 64; u. Pat. m. A.-Z.: 269181. A. 29. 3. 63. Terephthalsäure für die Faserstoffherstellung durch katalytische Wasserstoffbehandlung von gelöster ungereinigter Terephthalsäure. Erf.: *Delbert H. Meyer.* Inh.: Standard Oil Co., Chicago, Ill. A. 30. 8. 67, B. 8. 6. 71. Kl.: 260-525, Int. Kl.: C 07c c 51/52. 9 Anspr. A.-Z.: 664456. A.-Z.: 269181 u. A.-Z.: 351506 entspr. DAS 1299628 u. FrP 1433325.

DOS 1793070. Verfahren zur kontinuierlichen Umesterung von Dicarbonsäurealkylestern mit Diolen, insbesondere zur Umesterung von Dimethylterephthalat mit Äthylenglycol und Vorrichtung zur Durchführung des Verfahrens. Erf. *Wolf-Diether Hohn.* Anm.: Inventa AG für Forschung u. Patentverwertung Zürich, Zürich (Sz). A. 30. 7. 68, O. 17. 12. 70. Kl.: 12o, 14, Int.Kl.: C 07c. A.-Z.: P 1793070. Entspr. SzP 506468 u. FrP 2013951.

DOS 1933946. Verfahren zur Herstellung von Terephthalsäuredimethylester. Erf.: *Ferdinand List* u. *Helmut Alfs.* Anm.: Chemische Werke Hüls AG, 4370 Marl (DB). A. 4. 7. 69, O. 21. 1. 71. Kl.: 12o, 14, Int. Kl.: C 07c. A.-Z.: P 1933946. Entspr. FrP 2056310.

Klasse C 07d. Heterocyclische Verbindungen

DOS 1670272. Verfahren zur Herstellung von Lactamen. Erf.: *Edwin George Edward Hawkins.* Anm.: BP Chemicals (U.K.) Ltd., London (GB). A. 22. 9. 67, O. 28. 1. 71. Kl.: 12p, 5, Int. Kl.: C 07d. A.-Z.: P 1670272. Prior.: 24. 9. 66, 20. 10. 66, 9. 11. 66, 3. 3. 67 (GB; A.-Z.: 42756/66, 46971/66, 50324/66, 36651/67, 10071/67). A.-Z.: 42756, 46971, 50324 u. 10071 entspr. DDP 70882, OeP 284807, SzP 476660 u. FrP 1537517.

DOS 2033122. Verfahren zur Herstellung von omega-Lactamen und deren in Lactame überführbaren Vorläufern. Erf.: *Luigi Guiffre* u. *Giancarlo Sioli.* Anm.: Snia Viscosa Societa Nazionale Industria Applicazioni Viscosa S.p.A., Mailand (It). A. 3. 7. 70, O. 21. 1. 71. Kl.: 12p, 5, Int. Kl.: C 07d 41/06. A.-Z.: P 2033122. Prior.: 5. 7. 69 (It; A.-Z.: 19250 A/69). Entspr. FrP 2054176.

Klasse C 08. Makromolekulare Verbindungen; ihre Herstellung und chemische Verarbeitung; auf diesen Verbindungen beruhende Gemische

Klasse C 08f. Polymerisationsprodukte

HERSTELLUNG

DOS 1929863. Verfahren zur Polymerisation von Olefinen. Erf.: *Bernd Diedrich, Kurt Rust* u. *Rainer Klein.* Anm.: Farbwerke Hoechst AG vorm. Meister Lucius & Brüning, 6230 Frankfurt-Höchst (DB). A. 12. 6. 69, O. 17. 12. 70. Kl.: 39b4, 1/42, Int. Kl.: C 08f 1/42. A.-Z.: P 1929863. Entspr. FrP 2051159.

FrP 2060970. Verfahren zur Reinigung olefinischer Kohlenwasserstoffe. Inh.: Polymer Corp. Ltd. A. 4. 9. 70, B. 23. 7. 71. Int. Kl.: C 08f 1/00, C 07c 7/00, 11/00. A.-Z.: 7032240. Prior.: 8. 9. 6fl (Ca; A.-Z.: 61363).

FrP 2063540. Verfahren zur Polymerisation von Acrylnitril. Inh.: Toyo Boseki Kabushiki Kaisha. A. 21. 10. 69, B. 13. 8. 71. Int. Kl.: C 08f 1/00, 3/00. A.-Z.: 6936106.

FrP 2063527. Kontinuierliches Verfahren zur Erzeugung von verspinnbaren Acrylpolymeren mit verbesserten Eigenschaften. A. 21. 10. 69, B. 13. 8. 71. Int. Kl.: C 08f 1/00. A.-Z.: 6936000.

GBP 1241126. Polymerisationsverfahren. Inh.: British Petroleum Co. Ltd. A. 21. 3. 69, B. 28. 7. 71. Kl.: C3.P, Int. Kl.: C 08f 1/11, 3/30. A.-Z.: 14930/69. Entspr. DOS 2013517 u. FrP 2037803.

GBP 1242880. Polymerisation von Vinylchlorid. Inh.: Chatillon S. A. Italiana per le Fibre Tessili Artificiali S.p.A. A. 13. 12. 68, B. 18. 8. 71. Kl.: C3.P, Int. Kl.: C 08f 1/60, 1/80, 3/30. A.-Z.: 59505/68. Prior.: 15. 12. 67 (It; A.-Z.: 817516).

GPB 1243052. Suspensionspolymerisation. Inh.: Birtisch Petroleum Co. Ltd. A. 18. 1. 68, B. 18. 8. 71. Kl.: C 3.P, Int. Kl.: C 08 f 1/11. A.-Z.: 2703/68. Entspr. DOS 1902145 u. FrP 2000372.

DOS 1933138. Verfahren zum Herstellen von Homopolymeren oder Copolymeren des Äthylens. Erf.: *Toshio Hori, Junichi Hotta, Kiyoshi Mabuchi* u. *Yoshio Nakajima.* Anm.: Mitsubishi Petrochemical Co., Ltd., Tokio (Ja). A. 30. 6. 69, O. 21. 1. 71. Kl.: 39b4, 3/04, Int. Kl.: C 08f 3/04. A.-Z.: P 1933138.

DOS 1938613. Verfahren zum Herstellen von Polyäthylen. Erf.: *Josef Kohnle.* Anm.: Badische Anilin- & Soda-Fabrik AG, 6700 Ludwigshafen. A. 30.7. 69, O. 11.2. 71. Kl.: 39b4, 3/04, Int. Kl.: C 08f 3/04. A.-Z.: P 1938613. Entspr. FrP 2053300.

DOS 1940575. Verfahren zur Suspensionspolymerisation von Vinylchlorid. Erf.: *Johann Bauer, Thomas Balwe,* u. *Alex Sabel.* Anm.: Wacker-Chemie GmbH, 8000 München. A. 8. 8. 69, O. 18. 2. 71. Kl.: 39b4, 3/30, Int. Kl.: C 08f 3/30. A.-Z.: P 1940475. Entspr. FrP 2056722.

DOS 1958585. Verfahren zur Herstellung von Äthylenhomopolymerisaten oder Copolymerisaten mit alpha-Olefinen. Erf.: *Bendetto Calgagno, Giovanni Livraghi* u. *Paolo Colombo.* Anm.: Societa Italiana Resine S.p.A., Mailand (It.). A. 21. 11. 69, O. 4. 2. 71. Kl.: 39b4, 3/06. Int. Kl.: 608f 3/06. A.-Z.: P 1958585. Prior.: 23. 11. 68 (It; A.-Z.: 24086 A-68). Entspr. FrP 2023983 u. GBP 1237207.

DAS 1745409. Verfahren zur Polymerisation von Vinylchlorid. Erf.: *Jean Golstein.* Anm.: Solvay & Cie., S. A., Brüssel (Be). A. 24. 8. 67, B. 8. 7. 71. Kl.: 39b4, 3/30, Int. Kl.: C 08f 3/30. A.-Z.: P 1745409. Prior.: 29. 8. 66 (Be; A.-Z.: 32626). Entspr. DDP 63170, OeP 284438 u. FrP 1535224.

SzP 512524. Verfahren zur Herstellung von neuen gefärbten Polymeren. Erf. *Grégoire Kalopissis* u. *André Viout.* Inh.: L'Oreal, 14, rue Royale, Paris 8e (Fr). A. 7. 6. 67. Int. Kl.: C 08f 3/42. A.-Z.: 4579/69 (Teilges. z. Pat. m. A.-Z.: 8071/67). Prior.: 16. 6. 66 (Lu; A.-Z.: 51345).

FrP 2062922. Verfahren zur Polymerisation von Vinylchlorid und erhaltenes Polyvinylchlorid. Erf.: *S. Lo Monaco, C. Mazzolini, L. Patron* u. *A. Moretti.* Inh.: Chatillon Soc. An. Italiana per le Fibre Tessili Artificiali S. p. A. A. 16. 9. 70, B. 6. 8. 71. Int. Kl.: C 08f 3/00, 1/00. A.-Z.: 7033513. Prior.: 19. 9. 69 (It; A.-Z.: 22250 A/69).

FrP 2062923. Polymerisation von Äthylen unter Hochdruck . Inh.: Stamicarbon N. V. A. 16. 9. 70, B. 6. 8. 71. Int. Kl.: C 08f 3/00, 1/00. A.-Z.: 7033548. Prior.: 19. 9. 69 (Nd; A.-Z.: 6914299).

SUP 308019 (Urheberschein). Verfahren zur Herstellung von Polyvinylchlorid. Erf.: *A. I. Kirillov, A. D. Mol'kov* u. *L. F. Ivanova.* A. 12. 1. 70, B. 1. 7. 71. Int. Kl.: C 08f 3/30. A.-Z.: 1395268/23-5.

SUP 308020 (Urheberschein). Verfahren zur Verhinderung des Anklebens von Polymeren an der Apparateanwendung. Erf.: *V. L. Trizno, V. M. Djakin, A. A. Sapa,* u. *A. S. Dejanova.* A. 24. 1. 67, B. 1. 7. 71. Int. Kl.: C 08f 3/56, B 29c 1/04. A.-Z.: 1 128672/23-5.

USP 3583964. Verfahren zur Polymerisation von Vinylchlorid. Erf.: *Sergio Lo Monaco, Corrado Mazzolini, Luigi Patron* u. *Alberto Moretti.* Inh.: Chatillon Soc. An. Italiana, Fibre Tessili Artificiali S.p.A., Mailand (It). A. 28. 9. 67, B. 8. 6. 71. Kl.: 260-92,8, Int. Kl.: C 08f 3/30, 15/26, 1/04. 12 Anspr. A-Z.: 671216. Prior.: 24. 9. 66, 13. 4. 67 (It; A.-Z.: 22791/66, 22792/66, 14908/67). Entspr. DOS 1720233. A.-Z.: 22792 u. 14908 entspr. OeP 280584. A. – Z.; 14908 antspr. DDP 66023, SzP 503677 u. GBP 1194260.

FrP 2062473. Verfahren zur Herstellung von cyclischen olefinisch ungesättigten Kohlenwasserstoffpolymeren, deren Umwandlungsvermögen verbessert worden ist. Inh.: Shell International Research Maatschappij N. V. A. 22. 9. 70, B. 30. 7. 71. Int. Kl.: C 08f 5/00, 1/00, C 08d 13/00. A.-Z.: 7034240. Prior.: 21. 9. 6fl (Nd; A.-Z.: 6914466).

DOS 1937758. Verfahren zur Fällungspolymerisation von alpha-Methylstyrol. Erf.: *Herbert Schott.* Anm.: Farbwerke Hoechst AG vorm. Meister Lucius & Brüning, 6000 Frankfurt. A. 25. 7. 69, O. 4. 2. 71. Kl.: 39b4, 7/02, Int. Kl.: C 08f 7/02. A.-Z.: P 1937758. Entspr. FrP 2055655 .

DOS 1595021 Zus. z. Anm.: 1520394. Neue Copolymere, ihre Herstellung und Verwendung. Erf.: *Alberto Valvassori, Guido Sartori* u. *Vittorio Turba.* Anm.: Montecatini Edison S.p.A., Mailand (It). A. 18. 12. 65, O. 17. 12. 70. Kl.: 39b4, 15/40, Int. Kl.: C 08f 15/40. A.-Z.: P 1595021 (M 67679). Prior.: 22. 12. 64 (It; A.-Z.: 27162/64). Entspr. FrP 89859.

DOS 1938038. Modifizierte hydrophobe Copolymerisate. Erf.: *Gerhard Balle* u. *Günter Kolb.* Anm.: Farbenfabriken Bayer AG, 5090 Leverkusen (DB). A. 26. 7. 69, O. 28. 1. 71. Kl.: 39b4, 15/40, Int. Kl.: C 08f 15/40. A.-Z.: P 1938038. Entspr. FrP 2055606.

USP 3565873. Verfahren und Vorrichtung zur Polymerisation monomerer Materialien. Erf.: *John D. Sutherland jr.* u. *Stanford E. Groves.* Inh.: Copolymer Rubber & Chemical Corp. A. 25. 9. 67, B. 23. 2. 71. Kl.: 260-80, 78, Int. Kl.: C 08f 15/40. 17 Anspr. A.-Z.: 670346. Entspr. FrP 1580773 u. GBP 1192504.

USP 3683959. Wärmebeständige Vinylchlorid/Acetat-Harze, hergestellt in Gegenwart von Olefinen. Erf.: *Ping Kang Shen* u. *Eugene Norman Skiest.* Inh.: Borden Inc., New York, N. Y. A. 31. 10. 68, B. 8. 6. 71. Kl.: 260-87, 1, Int. Kl.: C 08f 15/24. 6 Anspr. A.-Z.: 772394.

DOS 1938577 Zus. z. Anm. 1814870. Verfahren zur Fällungspolymerisation von alpha-Methylstyrol. Erf.: *Herbert Schott, Walter Herwig* u. *Siegfried Sommer.* Anm.: Farbwerke Hoechst AG vorm. Meister Luclus & Brüning, 600 Franfkurt. A. 30. 7. 69, O. 11. 2. 71. Kl.: 39b4, 19/00, Int. Kl.: C 08f 19/00. A.-Z.: P 1938L77. Entspr. FrP 2026273.

DOS 1805370. Dispersionen aus vernetzbaren Polymeren und Verfahren zu deren Herstellung. Erf.: *Michael Raymond Clarke* u. *Leon Filipowicz.* Anm.: Balm Paints Ltd., Melbourne (Au). A. 25. 10. 68, O. 21. 1. 71. Kl.: 39b4, 25/00, Int. Kl.: C 08f 25/00. A.-Z.: P 1805370. Prior.: 27. 10. 67 (Au; A.-Z.: 29086/67). Entspr. FrP 1590013.

DOS 1928868. Verfahren zur Herstellung von hochviskosen, wäßrigen Alkalisalzlösungen aus vernetzten Copolymeren. Erf.: *Helmut Westernacher.* Anm.: Chemische Werke Hüls AG, 4370 Marl (DB). A. 6. 6. 69, O. 17 12. 70. Kl.: 39b4, 27/00, Int. Kl.: C 08f 27/00. A.-Z.: P 1928868. Entspr. FrP 2045871.

USP 3565872. Polymere Halogenkomplexe, ihre Herstellung und Verwendung. Erf.: *Ephraim Katchalski, Shmuel Yaroslavsky, Carmela Yaroslavsky, Jacob Yaroslavski* u. *Hana Yaroslavsky.* Inh.: YEDA Research and Development Co. Ltd., Rehovoth (Israel). A. 20. 2. 69, B. 23. 2. 71. Kl.: 260-80, 72, Int. Kl.: C 08f 27/02. 19 Anspr. A.-Z.: 801931. Prior.: 27. 2. 68 Israel; A.-Z.: 29540) .

USP 3583962. Mit Diacylhalogeniden oder Alkalihydroxiden vernetzte nitrierte Polymere. Erf.: *Daniel Magay.* Inh.: Raychem Corp., Menlo Park, Calif. A. 30. 8. 68, B. 8. 6. 71. Kl.: 260-89,1, Int. Kl.: C 08f 27/08, 27/00. 22 Anspr. A.-Z.: 756432. Entspr. FrP 2016664 u. GBP 1242911.

DOS 1769188. Öl- und wasserabstoßende, fluorhaltige Zusammensetzungen Erf.: *George Manning Hall* u. *Samuel John Webster.* Anm.: Imperial Chemical Industries Ltd., London. A. 18. 4. 68, O. 11. 2. 71. Kl.: 39b4, 29/16, Int. Kl.: C 08f 29/16. A.-Z.: P 1769188. Prior.: 24. 4. 67 (GB; A.-Z.: 18777/67.

DOS 1934902. Stabilisierte Formmassen aus Polyolefinen. Erf.: *Eberhard Prinz.* Anm.: Farbwerke Hoechst AG vorm. Meister Lucius & Brüning, 6230 Frankfurt-Höchst (DB). A. 10. 7. 69, O. 28. 1. 71. Kl.: 39b4, 29/02, Int. Kl.: C 08f 29/02. A.-Z.: P 1934902. entspr. FrP 2051671.

DOS 2038980. Verfahren zur Behandlung der Oberfläche von organischen polymeren Materialien. Erf.: *Frederick James Flewelling* u. *Henry Peter Schreiber.* Anm.: Canadian Industries Ltd., Montreal, Quebec (Ca). A. 5. 8. 70, O. 18. 2. 71. Kl.: 39b4, 29/00, Int. Kl.: C 08f 29/00. A.-Z.: P 2038970. Prior.: 11. 8. 69 (Ca; A.-Z.: 059248).

USP 3584078. Polyvinylester und ihre Derivate. Erf.: *Louis A. Pilato* u. *Eric R. Wagner.* Inh.: Union Carbide Corp. A. 16. 3. 70, B. 8. 6. 71. Kl.: 260-878, Int. Kl.: C 08f 29/32, 45/28. 3 Anspr. A.-Z.: 20145 (ausgesch. aus USP 3519701. A. 11. 7. 66. A.-Z.: 564048). A.-Z.: 564048 entspr. FrP 1531022, GBP 1199651 u. GBP 1199652.

DOS 1965405. Photochemisch härtbare ungesättigte Polyestermassen. Erf.: *Bettino Passalanti, Ugo Nistri* u. *Silvio Vargiu.* Anm.: Societa Italiana Resine S.p.A., Mailand (It). A. 30. 12. 69, O. 11. 2. 71. Kl.: 39b4, 43/02, Int. Kl.: C 08f 43/02. A.-Z.: P 1965405. Prior.: 31. 12. 68 (It; A.-Z.: 25745 A-68). Entspr. FrP 2027469.

USP 3565840. Farbstabilisierte oxydierte Polyäthylen-Emulsionen. Erf.: *Frank A. Mirabile* u. *Steven T. Rabel.* Inh.: Allied Chemical Corp., New York, N. Y. A. 21. 5. 68, B. 23. 2. 71. Kl.: 260-23, Int. Kl.: C 08f 27/22, 45/58. 9 Anspr. A.-Z.: 730945. Entspr. GBP 1204984.

GEMISCHE

SzP 512532. Verfahren zur Herstellung von Fabrikaten aus thermoplastischen Polymeren mit gemustertem Oberflächeneffekt durch direkte Extrusion. Erf.: *Isidoro Ronzoni* u. *Pier Lodovico Chini*. Inh.: Montecatini Società Gen. per l'Industria Mineraria e Chimica, 1-2 Largo Guido Donegani, Mailand (It). A. 13. 1. 65. Int. Kl.: C 08f 47/12. A.-Z.: 441/65. Prior.: 14. 1. 64 (It; A.-Z.: 888/64).

Klasse C 08g. Polykondensations- und Polyadditionsprodukte

HERSTELLUNG

DOS 2027563. Verfahren zur Erzeugung eines hitzebeständigen Polymers. Erf.: *Shotaro Sugiura, Takami Ishii* u. *Nachisa Takigawa*. Anm.: Ube Industries Ltd., Ube, Yamaguchi (Ja.) A. 4. 6. 70, O. 28. 1. 71. Kl.: 39b5, 1/24, Int. Kl.: C 08g 1/24. A.-Z.: P 2027563. Prior.: 4. 6. 69 (Nd; A.-Z.: 6908497).

DOS 1938139. Verfahren zur Polymerisation von alpha, alpha-Dialkyl-beta-propiolactonen. Erf.: *Norbert Vollkommer, Moustafa El-Chahawi, Roshdy, Ismail* u. *Klaus-Dieter Steffen*. Anm.: Dynamit Nobel AG, 5210 Troisdorf. A. 26. 7. 69, O. 4. 2. 71. Kl.: 39b5, 17/017, Int. Kl.: C 08g 17/017. A.-Z.: P 1938139. Entspr. FrP 2053189.

SvP 336229. Verfahren zur Herstellung von Polyalkylenglykolestern durch Anlagerung von Alkylenoxid an Monocarbonsäuren. Erf.: *L. A. S. Waag* u. *K. E. Eriksen*. Inh.: Mo och Domsjö AB, Örnsköldsvik. A. 20. 12. 68, B. 28. 6. 71. Kl.: 39b5, 17/003, Int. Kl.: C 08g 17/003. A.-Z.: 17539/68.

USP 3578634. Thermisch beständiges Copolycarbonatphosphit. Erf.: *Charles A. Bialous, Donald B. G. Jaquiss* u. *John J. Keane*. Inh.: General Electric Co. A. 19. 8. 69, B. 11. 5. 71. Kl.: 260—47, Int. Kl.: C 08g 17/13. 8 Anspr. A.-Z.: 851454. Entspr. FrP 2059007.

USP 3583944. Inaktivierung von Carboxylendgruppen in Polyestern (Inactivating carboxyl end groups in polyesters). Erf.: *Albert A. Sawaya* u. *Jake D. Hauenstein*. Inh.: The Goodyear Tire & Rubber Co., Akron, Ohio. A. 3. 11. 69, B. 8. 6. 71. Kl.: 260-75T, Int. Kl.: C 08g 17/14. 16 Anspr. A.-Z.: 873995.

DOS 1633787. Hochmolekulare Polychinazolone und Verfahren zu ihrer Herstellung. Erf.: *Günter Lorenz, Manfred Gallus Wolfgang Gießler* u. *Günther Nischk*. Anm.: Farbenfabriken Bayer AG, 5090 Leverkusen (DB). A. 3. 7. 69, O. 21. 1. 71. Kl.: 39b5, 20/38, Int. Kl.: C 08g 20/38. A.-Z.: P 1933787. Entspr. FrP 2054166.

DOS 1935485. Verfahren zur Herstellung von Polyamiden mit Urethan- und/oder Harnstoffgruppierungen. Erf.: *Gerhard Grögler* u. *Günter Oertel*. Anm. Farbenfabriken Bayer AG, 5090 Leverkusen (DB). A. 12. 7. 69, O. 21. 1. 71. Kl.: 39b5, 20/30, Int. Kl.: C 08g 20/30. A.-Z.: P 1935485. Entspr. FrP 2055013.

DOS 1937663. Verfahren zur Herstellung von Poly-beta-amiden. Erf.: *Jürgen Popp*. Anm.: Farbwerke Hoechst AG vorm. Meister Lucius & Brüning, 6230 Frankfurt-Höchst (DB). A. 24. 7. 69, O. 28. 1. 71. Kl.: 39b5, 20/10, Int. Kl.: C 08g 20/10. A.-Z.: P 1937663. Entspr. FrP 2055588.

DAS 1520195. Verfahren zur Herstellung von Mischpolyamiden sowie deren Verwendung für gekräuselte kongugierte Polyamidfasern. Erf.: *Keizo Ueda, Tsuneo Ohkawahara, Masao Matsui* u. *Satoshi Ando*. Anm.: Kanagafuchi Boseki K. K., Tokio (Ja). A. 23. 5. 64, B. 19. 5. 71. Kl.: 39b5, 20/02, Int. Kl.: C 08g 20/02. A.-Z.: P 1520195. Prior.: 25. 5. 63, 18. 7. 63 (Ja; A.-Z.: 27269, 38891). Entspr. FrP 1403931. GBP 1070327 u. USP 3515703.

FrP 2060568. Polyamidfaserstoffe mit guter Farbstoffaffinität und ihr Herstellungsverfahren. Inh.: Società Rhodiatoce S.p.A. A. 27. 7. 70, B. 23. 7. 71. Int. Kl.: D 01f 7/00. B 29f 3/00, C 08g 20/00, 47/00. A.-Z.: 7027550. Prior.: 9. 9. 69 (It; A.-Z.: 53266 A/69).

GBP 1244189. Perfluorierte lineare Polyäther (Perfluorinated linear polyethers). Inh.: Montecatini Edison S.p.A. A. 30. 12. 68, B 25. 8. 71. Kl.: C2.C, Int. Kl.: C 07c 43/12, 49/18, 69/00, 53/32, 73/00, C 08g 20/22. A.-Z.: 61617/68. Prior.: 28. 12. 67 (It; A.-Z.: 817809).

SvP 336675. Verfahren zur Herstellung von Polyamiden durch alkalische Schnellpolymerisation von Lactamen. Erf.: *J. Kralicek, V. Kubanek, J. Solcova* u. *J. Kondelikova*. Inh.: Zavody Antonina Zapotockeho NP., Jaromer (ČS). A. 2. 12. 69, B. 12. 7. 71. Kl.: 39b5, 20/10, Int. Kl.: C 08g 20/10. A.-Z.: 16598/69.

ČSP 142084. Verfahren zur alkalischen Schnellpolymerisation von Lactamen Erf.: *Zbyněk Bukač, Jiří Tomka*, u. *Jan Šebenda*. A. 18. 7. 67, B. 27. 1. 71. Kl.: 39c, 10, Int. Kl.: C 08g 20/18. A.-Z.: 5276/67. Entspr. FrP 1581095 u. GBP 1226775.

ČSP 142087. Verfahren zur Herstellung gefärbter Polyamide durch alkalische Polymerisation von Lactamen. Erf.: *Zbyněk Bukač* u. *Jan Šebenda*. A. 4. 3. 68, B. 27. 1. 71. Kl.: 39c, 10, Int. Kl.: C 08g 20/18. A.-Z.: 1702/68. Entspr. DOS 1910469 u. FrP 2003182.

SUP 308030 (Urheberschein). Verfahren zur Herstellung von vernetzten heterocyclischen stickstoffhaltigen Copolymeren. Erf.: *K. N. Vlasova, L. I. Čudina, S. I. Litovčenko, G. S. Mironov, N. P. Bordjukova* u. *E. P. Fokin*. A. 27. 11. 69, B. 1. 7. 71. Int. Kl.: C 08g 20/32. A.-Z.: 1379633/23-5.

USP 3578640. Verfahren zur Herstellung thermisch stabilen Caprolactams. Erf.: *Ian C. Twilley, Guido John Coli jr.* u. *David W. H. Roth jr.*. Inh.: Allied Chemical Corp., New York, N. Y. A. 7. 3. 68, B. 11. 5. 71. Kl.: 260-78, Int. Kl.: C 08g 20/14. 9 Anspr. A.-Z.: 711328. Entspr. FrP 2003370 u. GBP 1222803.

USP 3583949 Zus. z. Pat. m. A.-Z.: 621867. A. 9. 3. 67. Polyamidkomposition. Erf.: *Frank Holmes Simons*. A. 27. 6. 68, B. 8. 6. 71. Kl.: 260-78. Int. Kl.: C 08g 20/20. 4 Anspr. A.-Z.: 740762. A.-Z.: 621867, USP 3557544. Entspr. GBP 1221123.

USP 3584046. N,N'-bis(Aminobenzoyl)isophthaloyldihydrazide und N,N'-bis(Aminobenzoyl)terephthaloyldihydrazide. Erf.: *Jack Preston*. Inh.: Monsanto Co., St. Louis, Mo. A. 17. 4. 67, B. 8. 6. 71. Kl.: 260-558, Int. Kl.: C 07c 103/44. 1 Anspr. A.-Z.: 631183.

DOS 1936399. Vernetzbare hochmolekulare Produkte. Erf.: *Josef Pedain, Dieter Arlt* u. *Hermann Hagemann*. Anm.: Farbenfabriken Bayer AG, 5090 Leverkusen. A. 17. 7. 69, O. 4. 2. 71. Kl.: 39b5, 22/08, Int. Kl.: C 08g 22/08. A.-Z.: P 1936399. Entspr. FrP 2055301.

FrP 2063685. Verbesserungen bei der Vulkanisierung von Elastomeren des Polyurethan-Typs. Inh.: Michelin & Cie. (Compagnie Générale des Etablissements Michelin). A. 27. 10. 69, B. 13. 8. 71. Int. Kl.: C 08g 22/00, 51/00. A.-Z.: 6936837.

USP 3580873. Nicht vergilbende Polyurethane. Erf.: *Dominick Bianca*. Inh. E. I. du Pont de Nemours and Co., Wilmington, Del. A. 18. 10. 67, B. 25. 5. 71. Kl.: 260-18, Int. Kl.: C 08g 22/08. 7 Anspr. A.-Z.: 676033. Entspr. FrP 1590217.

GBP 1240116. Herstellung synthetischer Elstomerer. Inh.: Imperia Chemical Industries Ltd. A. 7. 6. 68, B. 21. 7. 71. Kl.: C 3.E, Int. Kl.: D 01f 7/04, C 08g 22/06. A.-Z.: 27264/68. Entspr. DOS 1929155 u. FrP 2013331.

DOS 2037722. Verfahren zur Herstellung von Oxymethylenpolymeren. Erf.: *Akihiko Ito, Yoshiaki Nakase, Masaru Yoshida, Masahiro Sakamoto, Isao Kaetsu, Gunma Takasaki, Tadashi Iwai, Koichiro Hayashi* u. *Seizo Okamura*. Anm.: Daicel Ltd., Osaka; Ube Industries, Ltd., Ube, Yamaguchi; Mitsubishi Petrochemical Co., Ltd. u. Mitsui Toatsu Chemicals. Inc., Tokio (Ja). A. 29. 7. 70, O. 18. 2. 71. Kl.: 39b5, 23/02, Int. Kl.: C 08g 23/02. A.-Z.: P 2037722. Prior.: 29. 7. 69, 6. 9. 69, 9. 10. 69, 22. 12. 69, 16. 1. 70 (Ja; A.-Z.: 59880-69, 70675-69, 80869-69, 103271-69, 4289-70). Entspr. FrP 2053259.

GEMISCHE

DOS 1645525. Stabilisierte Polyestermassen und Verfahren zu deren Herstellung. Erf.: *Tadao Kato, Masana Yanagi, Yoshimitsu Ichikawa, Masayuki Ohosugi, Masao Hijiri, Muneyoshi Minami* u. *Tadao Tsutsumi*. Anm.: Toray Industries. Inc., Tokio (Ja). A. 22. 9. 67, O. 17. 12. 70. Kl.: 39b5, 39/02, Int. Kl.: C 08g 39/02. A.-Z.: P 1645525 (T 34856). Prior.: 24. 9. 66, 5. 4. 67 (Ja; A.-Z.: 62696/66, 21375/67). A.-Z.: 62696 entspr. GBP 1203604. Entspr. GBP 1203603 u. USP 491057.

DOS 1930257. Polycarbonate. Erf.: *Werner Nouvertné*, Anm.: Farbenfabriken Bayer AG, 5090 Leverkusen (DB). A. 13. 6. 69, O. 17. 12. 70. Kl.: 39b5, 39/00, Int. Kl.: C 08g 39/00. A.-Z.: P 1930257. Entspr. FrP 2046762.

DOS 1938436. Bornitridhaltige thermoplastische Polyesterformmassen. Erf.: *Ludwig Brinkmann* u. *Walter Herwig*. Anm.: Farbwerke Hoechst AG vorm. Meister Lucius & Brüning, 6000 Frankfurt. A. 29. 7. 69, O. 11. 2.71. Kl.: 39b5, 39/02, Int. Kl.: C 08g 39/02. A.-Z.: P 1938436. Entspr. FrP 2053248.

USP 3583941 Zus. z. Pat. m. A.-Z.: 502520. A. 22. 10. 65. Lineare Polyester mit Alkalisalzen von sulfonierten aliphatischen Verbindungen. Erf.: *Louis E. Trapasso*, u. *Robert W. Stackman*. Inh.: Celanese Corp., New York, N. Y. A. 26. 9. 66, B. 8. 6. 71. Kl.: 260-75, Int. Kl.: C 08g 39/04, 53/14. 1 Anspr. A.-Z.: 581719. A.-Z.: 502520 entspr. GBP 1151569.

DOS 2035094. Färbbare thermoplastische Formkörper und Verfahren zur Herstellung derselben. Erf.: *Alberto Bonvicini* u. *Guiseppe Cantatore*. Anm. Montecatini Edison S.p.A., Mailand (It.) A. 15. 7. 70, O. 28. 1. 71. Kl.: 35b5, 41/02, Int. Kl.: C 08g 41/02. A.-Z.: P 2035094. Prior.: 16. 7. 69 (It; A.-Z.: 19687 A/69). Entspr. FrP 2051778.

DOS 1940132. Thermoplastische Formmassen aus Polyoxymethylenen. Erf.: *Karlheinz Burg, Harald Cherdron, Ernst Wolters* u. *Hans-Joachim Leugering*. Anm.: Farbwerke Hoechst AG vorm. Meister Lucius & Brüning, 6000 Frankfurt. A. 7. 8. 69, O. 18. 2. 71. Kl.: 39b5, 43/00, Int. Kl.: C 08g 43/00. A.-Z.: P 1940132. Entspr. FrP 2057038.

Klasse C 08k. Zusatzstoffe für allgemeine Anwendung

DOS 1937384. Stabilisatoren. Erf.: *Reiner Hesse, Dietrich Erdmann, Bernd Dennler* u. *Wilhelm Bäumer*. Anm.: Merck Patent GmbH, 6100 Darmstadt. A. 23. 7. 69, O. 11. 2. 71. Kl.: 39b8, 1/32, Int. Kl.: C 08k 1/32. A.-Z.: P 1927384. Entspr. FrP 2054267.

Sektion D. Textilien und Papier

TEXTILIEN

Klasse D 01. Natürliche und künstliche Fäden und Fasern; Spinnen

Klasse D 01b. Mechanische Behandlung von natürlichen faserigen oder fadenförmigen Stoffen zur Gewinnung von Fasern oder Fäden, z. B. zum Verspinnen

USP 3579744 Zus. z. Pat. m. A.-Z.: 472974. A. 19. 7. 65. Vorrichtung zum Trennen von Fasern. Erf.: *William C. Menzies jr.* Inh.: Atlantiv Wool Combins Co., Charlotte, N. C. A. 14. 11. 67, B. 25. 5. 71. Kl.: 19-97,5, Int. Kl.: D 01b 3/00. 1 Anspr. A.-Z.: 687415.

Klasse D 01d. Mechanische Verfahren und Vorrichtungen für die Herstellung von künstlichen Fäden, Gespinsten, Fasern, Borsten oder Bändern

SUP 309075. Vorrichtung zur pneumatischen Verteilung von Schüttgut. Erf.: *S. I. Silkin, V. A. Rodinov* u. *A. I. Avdeenko*. Anm.: Vsesojuznyj naučno-issledovatel'skij Institut Mašin dlja Proizvodstva sintetičeskich Volokon. A. 30. 5. 67, B. 9. 7. 71. Int. Kl.: D 01d 1/00, B 65g 53/12. A.-Z.: 1163571/28-12.

GBP 1243668. Verfahren und Apparatur zur Herstellung fibrillierter Produkte und so erhaltene Produkte. Inh.: Allgemene Kunstzijde Unie N. V. A. 30. 8. 68, B. 25. 8. 71. Kl.: B5.B, Int. Kl.: B 29d 7/02, D 01d 3/00. A-Z.: 41603/68. Prior.: 2. 9. 67 (Nd; A.-Z.: 6712079). Entspr. DDP 70698 u. FrP 1579231.

DOS 1660360. Verfahren zur Herstellung von Polyacrylnitrilfasern. Erf.: *Kazumi Nakagawa, Keitaro Shimoda* u. *Koji Miyashita*. Anm.: Japan Exlan Co., Ltd., Osaka (Ja). A. 6. 3. 65, O. 17. 12. 70. Kl.: 29a, 6/06, Int. Kl.: D 01d. A.-Z.: P 1660360 (J 27645). Prior.: 7. 3. 64, 9. 3. 64 (Ja; A.-Z.: 12693/64, 13169/64). Entspr. USP 3404204.

DOS 1660418. Verbundfaser und Spinndüse für deren Herstellung. Erf.: *Satoshi Ando, Yusaka Tanaka* u. *Fumimaro Ogata*. Anm.: Kanegafuchi Boseki K. K., Tokio (Ja.) A. 22. 9. 65, O. 4. 2. 71. Kl.: 29a, 6/20, Int. Kl.: D 01d 5/22. A.-Z.: P 1660418 (K 57204). Prior.: 26. 9. 64, 29. 1. 65 (Ja; A-.Z.: 55369, 4949, JaP 4537/68. Entspr. SzP 426084.

DOS 1660419. Verfahren zur Herstellung von synthetischen Fäden mit nichtkreisförmigem Querschnitt und Spinndüse zur Durchführung des Verfahrens. Erf.: *Hirotoshi Kurashige, Hiroshi Tanaka* u. *Chikaaki Yoshikawa*. Anm.: Kurashiki Rayon Co., Ltd., Kurashiki City (Ja.) A. 23. 11. 65, O. 17. 12. 70. Kl.: 29a, 6/10, Int. Kl.: D 01d. A.-Z.: P 1660419 (K 57734). Prior.: 26. 11. 64 (Ja; A.-Z.: 66227/64). Entspr. FrP 1456242 u. GBP 1112938.

DOS 1660670. Garn mit reglemäßigen Einschnürungen. Erf.: *Hermann Gemeinhardt, Günther Schatz* u. *Hans Brücher*. Anm.: Glanzstoff AG, 5600 Wuppertal (DB). A. 23. 6. 65, O. 11. 2. 71. Kl.: 29a, 6/06, Int. Kl.: D 01d. A.-Z.: P 1660670 (V 28723). Entspr. SzP 436561, FrP 1484358 u. USP 3417445.

DOS 1660671. Vorrichtung zum Erleichtern des Spulenwechsels. Erf.: *Peter Heinen*. Anm.: Glanzstoff AG, 5600 Wuppertal (DB). A. 10. 11. 65, O. 17. 12. 70. Kl.: 29a, 6/06, Int. Kl.: D 01d. A.-Z.: P 1660671 (V 29700). Entspr. SzP 438567 u. FrP 1498837.

DOS 1938268. Schneidmaschine. Erf.: *Heinz Fleissner*. Anm.: Vepa AG, Basel (Sz). A. 28. 7. 69, O. 11. 2. 71. Kl.: 29a, 6/05, Int. Kl.: D 01d 5/00. A.-Z.: P 1938268.

DOS 1938956. Verfahren zur Herstellung von Fäden und Fasern aus Copolyamiden. Erf.: *Harry Kubitzek, Bela von Falkai* u. *Alfred Reichle.* Anm.: Farbenfabriken Bayer AG, 5090 Leverkusen (DB). A. 31. 7. 69, O. 11. 2. 71. Kl.: 29a, 6/31, Int. Kl.: D 01d 5/12. A.-Z.: P 1938956. Entspr. SzP 506639 u. FrP 2053378.

GBP 1240661. Verfahren zur Herstellung von Fäden, Fasern oder Faserverbundmaterialien. Inh.: Rasmussen, O.-B. A. 9. 8. 67, B. 28. 7. 71. Kl. B5.B, Int. Kl.: D 01d 5/00. A.-Z.: 36531/67. Entspr. FrP 1576178.

DOS 1939107. Hülse für Chemiefasergarn. Erf. nicht genannt. Anm.: Fa. Adolff *Emil*, 7410 Reutlingen (DB). A. 1. 8. 69, O. 4. 2. 71. Kl.: 29a, 6/13, Int. Kl.: D 01d 9/00. A.-Z.: P 1939107.

DOS 2039213. Verfahren und Vorrichtung zur Wärmeübertragung zwischen zwei Körpern. Erf.: *Willem Stelwagen.* Anm.: Akzo N. V., Arnheim (Nd). A. 6. 8. 70, O. 18. 2. 71. Kl.: 29a, 6/31, Int. Kl.: D 01d 13/02. A.-Z.: P 2039213. Prior.: 7. 8. 69 (Nd; A.-Z.: 6912025).

Klasse D 01f. Chemische Gesichtspunkte bei der Herstellung von künstlichen Fäden, Gespinsten, Fasern, Borsten oder Bändern

FrP 2061145. Verfahren zur Herstellung pigmentierter Polyolefinfaserstoff Erf.: *B. Beghelli F. Vacanti* u. *G. Guerani.* Inh.: Montecatini Edison S.p.A. A. 9. 9. 70, B. 23. 7. 71. Int. Kl.: D 01f 1/00, 7/00, C 08f 47/00. A.-Z.: 7032671. Prior.: 11. 9. 69 (It; A.-Z.: 21911 A/69).

ČSP 142083. Farbkonzentrate zum Färben von geformten Polyolefinerzeugnissen in Masse. Erf.: *Koloman Ondrejmiška, Milan Benický, Pavel Hrivnák* u. *Ján Koreň.* A. 21. 6. 67, B. 27. 1. 71. Kl.: 29b, 3/60, Int. Kl.: D 01f 1/04. A.-Z.: 4532/67. Entspr. FrP 1572694 u. GBP 1196816.

SUP 308110 (Urheberschein). Verfahren zur Herstellung von Chemiefaserstoffen. Erf.: *V. I. Sadovnikova, I. N. Kim, T. G. Gafurov* u. *Che. U. Usmanov.* A. 28. 4. 69, B. 1. 7. 71. Int. Kl.: D 01f 1/02. A.-Z.: 1326238/23-5.

GBP 1243194. Herstellung von stärker anfärbbaren Regeneratcellulosefäden. Inh.: Courtaulds Ltd. A. 13. 12. 67, B. 18. 8. 71. Kl.: C3F, Int. Kl.: C 08b 21/20, D 01f 3/10. A.-Z.: 56592/67. Entspr. DOS 1814565, OeP 293599, SzP 509418 u. FrP 1596083.

DOS 1669477. Verfahren zur Herstellung von nicht klebenden Mischpolyamidfäden. Erf.: *Satoshi Ando, Yusaka Tanaka, Minoru Kojima* u. *Kyoichi Fujimura.* Anm.: Kanegafuchi Boseki Kabushiki Kaisha, Tokio (Ja); u. Snia Viscosa Societa Nazionale Industria Applicazioni Viscosa S. p.A., Mailand (It.) A. 22. 12. 66, O. 17. 12. 70. Kl.: 29b, 3/60, Int. Kl.: D 01f 7/04. A.-Z.: P 1669477 (K 60991). Prior.: 23.12. 65 (Ja; A.-Z.: 79726/65). Entspr. FrP 1514205, GBP 1138520, USP 3554980 u. USP 3574047.

DOS 1934961. Verfahren zum Flammfestmachen von synthetischen Fasern. Erf.: *Herbert Jenkner.* Anm.: Chemische Fabrik Kalk GmbH, 5000 Köln-Kalk (DB). A. 10. 7. 69, O. 28. 1. 71. Kl.: 29b, 3/60, Int. Kl.: D 01f. A.-Z: P 1934961. Entspr. FrP 2056302.

FrP 1603901. Komposition auf Basis von Polyester und einem Polyäther/Polyamid-Blockpolymeren. Inh.: Toyo Rayon Kabushiki Kaisha; u. Torai Industries, Inc. A. 20. 2. 68, B. 23. 7. 71. Int. Kl.: D 01f 7/00. A.-Z.: 140461.

FrP 2062405. Verfahren zur Herstellung von Polyesterfaserstoffen mit verbesserten Eigenschaften. Erf.: *P. Parrini, E. de Fornasari* u. *E. Prina.* Inh.: Montecatini Edison S.p.A. A. 21. 9. 70, B. 30. 7. 71. Int. Kl.: D 01f 7/00, D 06c 1/00. A.-Z.: 7034078. Prior.: 22. 9. 69 (It; A.-Z.: 22332 A/69).

Klasse D 02. Garne, mechanische Veredlung von Garnen oder Seilen; Schären oder Bäumen

Klasse D 02g. Kräuseln oder Krimpfen (Texturieren) von Fasern, Fäden, Zwirnen oder Garnen; Garne oder Zwirne

DOS 1930395. Allseitig geschlossener Luftheizkasten zum Erwärmen von durchlaufenden Fäden. Erf.: *Herhard Martens* u. *Heinz Treptow.* Anm.: Barmag Barmer Maschinenfabrik AG, 5600 Wuppertal (DB). A. 14. 6. 69, O. 17. 12. 70. Kl.: 29a, 6/20, Int. Kl.: D 02g. A.-Z.: P 1930395.

DOS 1936473. Verfahren und Vorrichtung zur Erzeugung von Bauschgarn. Erf.: *Goro Ozawa, Kenzo Kosaka, Hideo Kobayashi, Kiyoshi Adachi* u. *Tsutomu Okaya.* Anm.: Mitsubishi Rayon Co. Ltd., Tokio (Ja). A. 17. 7.69, O. 11. 2. 71. Kl.: 29a, 6/20, Int. Kl.: D 02g. A.-Z.: P 1936473.

DOS 1940166. Stauchkräuselvorrichtung. Erf.: *James Rennison Hodges.* Anm.: Bancroft, Joseph & Sons Co., Wilmington, Del. (US). A. 7. 8. 69, O. 18. 2. 71. Kl.: 29a, 6/20, Int. Kl.: D 02g 1/00. A.-Z.: P 1940166.

ČSP 141919. Verfahren zur Herstellung geformter Fäden und Vorrichtung zur Durchführung dieses Verfahrens Erf.: *Miloslav Pávek* u. *Ota Kazda.* A. 14. 1. 69, B. 6. 11. 70. Kl.: 29a, 6/20, Int. Kl.: D 02g 1/16. A.-Z.: 186/69. Entspr. DOS 2000929 u. FrP 2028315.

SUP 308123 (Urheberschein). Vorrichtung zur Kräuselung von thermoplastischen Fäden. Erf.: *A. Ja. Kolomiec, L. S. Smirnov, C. P. Livinskij, L. G. Šindel'*, u. *A. V. Stojanov.* Anm.: Naučno-issledovatel'skij Institut po Pererabotke iskusstvennych i sintetičeskich Volokon. A. 5. 6. 70, B. 1. 7. 71. Int. Kl.: D 02g 1/12. A.-Z.: 1439425/28-12.

USP 3579760. Texturiervorrichtung. Erf.: *Ralph A. Canee, William J. Anderson, Bert B. Morgan* u. *Jerry M. Goodman.* Inh.: Northrop Carolina, Inc., Swannanoa, N. C. A. 16. 6. 69, B. 25. 5. 71. Kl.: 28-1,7, Int. Kl.: D 02g 1/12. 4 Anspr. A.-Z.: 833602.

USP 3564835 Zus. z. Pat. m. A.-Z.: 728125. A. 10. 5. 68. Hochfestes Reifencordgarn (High tenacity tire yarn). Erf.: *Robert Le Roy Keefe jr.* u. *William Osborne Statton.* Inh.: E. I. du Pont de Nemours & Co., Wilmington, Del. A. 12. 3. 69, B. 23. 2. 71. Kl.: 57-140, Int. Kl.: D 02g 3/48. 5 Anspr. A.-Z.: 806583. A.-Z.: 728125 u. 806583 entspr. DOS 1924171.

Klasse D 02j. Veredeln oder Ausrüsten von Fäden, Garnen, Zwirnen, Schnüren Seilen od. dgl.

GBP 1239758. Bauschfäden. Inh.: Courtaulds Ltd. A. 27. 11. 67, B. 21. 7.61. Kl.: D 1.F, Int. Kl.: D 02j 1/00, 1/02, 1/06, 1/08. A.-Z.: 53775/67. Entspr. DOS 1 811252 u. FrP 1593670.

USP 3579762. Kaltrecken von Polyamidfäden. Erf. u. Inh.: MacKey, Donald I., 33 Forest Road; u. *Terance Donald, R. Mackey.* R. 4, Galt, Ontario (Ca). A. 27. 12. 68, B. 25. 5. 71. Kl.: 28-71,4, Int. Kl.: D 02j 1/22. 7 Anspr. A.-Z.: 787333.

PAPIER

Klasse D 21. Papierherstellung; Gewinnung von Cellulose bzw. Zellstoff

Klasse D 21b. Faserige Rohstoffe und ihre mechanische Behandlung

GBP 1241149 Zus. z. Pat. 1197450. Verfahren zur Behandlung von Lignocellulosematerial. Inh.: Anglo Paper Products Ltd. A. 22. 1. 70, B. 28. 7. 71. Kl.: D 2.A, Int. Kl.: D 21b 1/12. A.-Z.: 3272/70.

Klasse D 21c. Gewinnung von Cellulose durch Abscheiden nichtcelluloseartiger Substanzen von cellulosehaltigen Stoffen; Wiedergewinnung der Zellstoffablaugen; Vorrichtungen dafür

SUP 308133 (Urheberschein). Verfahren zur Herstellung von Baumwollcellulose. Erf.: *G. L. Štukater, M. A. Antonova, V. K. Postnikov, M. A. Švindel'mun, N. L. Fejfer, V. M. Butkov, E. F., Syčeva* u. *F. A. Nigmetzjanov.* A. 25. 12. 67, B. 1. 7. 71. Int. Kl.: D 21c 5/00. A.-Z.: 1206047/23-4.

USP 3564631. Vorrichtung und Verfahren zur Behandlung von Zellstoff. Erf.: *Elmer R. Burling.* Inh.: Improved Machinery Inc., Nashua, N. H. A. 16. 5. 68, B. 23. 2. 71. Kl.: 8-156, Int. Kl.: D 21c 9/02, 9/18. 7 Anspr. A.-Z.: 729810. Entspr. DOS 1924693.

SvP 336085. Anlage zur Wärmerückgewinnung aus den Abgasen bei der Verbrennung der Schwarzlauge sowie deren Reinigung. Erf.: *A. Vegeby.* Inh.: Svenska Fläktfabriken, Stockholm (Sv.) A. 29. 7. 66, B. 21. 6. 71. Kl.: 55b, 3/01, Int. Kl.: D 21c 11/10. A.-Z.: 14251/69.

Sektion G. Physik

Sektion G 01. Messen

Klasse G01n. Prüfen von chemischen und/oder phydikalischen Eigenschaften von Stoffen einschließlich Laboratoriumsgeräten

DOS 1940291. Verfahren und Vorrichtung zum Bestimmen der Feinheit von Fäden beliebiger Art, insbesondere Textilfäden. Erf.: *Peter Fischer* u. *Helmut Schmalz.* Anm.: Zwick & Co. KG, 7901 Einsingen (DB). A. 7. 8. 69, O. 18. 2. 71. Kl.: 42k, 50, Int. Kl.: G 01n. A.-Z.: P 1940291.

SUP 308357 (Urheberschein). Gerät zur Bestimmung der inneren Spannung eines Fadens. Erf.: *A. G. Trošin* u. *K. M., Kaminskij* A. 19. 9. 69, B. 1. 7. 71. Int. Kl.: G 01n 33/36. A.-Z.: 1367664/28-12.

Literaturschau

Auszug aus Lieferung 5 und 6/1972 der Literaturschau „Faserstoffe und Textiltechnik", zusammengestellt von der Abteilung Information und Dokumentation des Instituts für Polymerenchemie der DAW, 153 Teltow-Seehof, Kantstr. 55

I. Wissenschaftliche Grundlagen

Allgemeines

(Untersuchungsmethoden u. a.)

Coll, H.: Nichtgleichgewichts-Osmometrie. J. Polymer Sci., D.: Macromol. Rev. 5 (1971) S. 541–588.

Haselmann, H.: Über das Schärfen von Mikrotommessern. GIT. Fachz. Laboratorium 16 (1972) 1, S. 23–26.

Fischer, W. G.: Methoden der Pyrolyse und ihre Anwendung zur gaschromatographischen und massenspektrometrischen Untersuchung. GIT. Fachz. Laboratorium 16 (1971) 1, S. 37–40, 43–46, 49–51.

Physik und Chemie der Hochpolymeren

Jörder, H.: Über die Wechselwirkung hochmolekularer Substanzen mit hydrotropen Mitteln bei Lösungs- und Quellungsvorgängen in der Veredlung. Textil-Praxis internat. 26 (1971) 12, S. 756–759. 3 Abb., 3 Tab., 11 Lit.

Linow, K.-J., Philipp, B.: Zur Konzentrationsabhängigkeit der Viskosität höherer konzentrierter Polymerlösungen. Faserforsch. u. Textiltechnik 23 (1972) 1, S. 3–8.

Misterek, B.: Viskosimetrische Untersuchungen von Polyvinylchlorid-Schmelzen. Polimery, Warszawa 14 (1971) 9/10, S. 448–454.

Gandhi, K. S., Williams, M. C.: Lösungsmitteleinfluß auf die Viskosität von mäßig konzentrierten Polymerlösungen. J. Polymer Sci., C.: Polymer Symposia (1971) 35, S. 211 -234.

Shen, M., Jamieson, R. T., Drandell, M.: Numerische Transformation von viskoelastischen Funktionen durch Linearprogrammierung. J. Polymer Sci., C: Polymer Symposia (1971) 35, S. 23–28.

Wulf, K., Philipp, B., Mann, G., Kapelle, R.: Rheologische Untersuchungen an Spinnlösungen. 6. Mitt.: Zum Barus-Effekt bei konzentrierten Polymerlösungen. Faserforsch. u. Textiltechnik 23 (1972) 1, S. 14–21.

Han, Ch. D.: Messung der rheologischen Eigenschaften von Polymerschmelzen mit einem Spaltrheometer. I. Homopolymer-Systeme. II. Systeme von Mischungen. III. Zweiphasen-Systeme: Hochschlagfestes Polystyrol und ABS-Harz. J. appl. Polymer Sci. 15 (1971) 10, S. 2567–2577; 2579–2589; 2591–2596.

DeVries, K. L., Backman, D. K.: Hochdruck-Rheologie von Polyäthylen. J. Polymer Sci., B: Polymer Letters 9 (1971) 10, S. 717–721.

Freed, K. F.: Theorien des Self-Consistentfeldes für das Problem des ausgeschlossenen Volumens bei Polymeren. I. Edward'sche Integral-Näherung. J. chem. Physics 55 (1971) 8 (Teil 2) S. 3910–3921.

Sármadžieva, V., Dimov, K. (Schreibw. i. Orig.: *Sarmadjieva, V.*): Untersuchungen über die Veränderungen der zwischen- und innenmolekularen Wechselwirkungen bei homogener und heterogener Acetylierung der Cellulose mit Hilfe infraroter Spektroskopie. Cellulose Chem. Technology, Jassy/Rum. 5 (1971) 5, S. 443–449. (dt.).

Waterman, D. C., Dole, M.: Das Infrarotspektrum von bei 4°K bestrahltem Polyäthylen. J. physic. Chem. 75 (1971) 26, S. 3988–3992.

Fakirov, S., Simov, D., Baldjieva, R., Michailov, M.: Über die Strukturbildung aus Salzlösungen der ataktischen Polymethacrylsäure mit n-Alkylaminen. Makromol. Chemie 151 (1972) S. 149–158.

Viswanathan, A., Shenouda, S. G.: Über die Wasserstoffbindungen bei der für Cellulose I vorgeschlagenen Helixstruktur. J. appl. Polymer Sci. 15 (1972) 10, S. 2597–2599.

Jambrich, M., Diačik, I., Mitterpach, I.: Beitrag zum Studium von Strukturveränderungen synthetischer Fasern bei Deformation in der Faserlängsrichtung. I. Polyamidfasern (PA-6-Fasern). Faserforsch. u. Textiltechnik **23** (1972) 1, S. 28–34.

Kurita, T.: Die Aminolyse des Polyäthylenterephthalats und deren Beziehung zur Feinstruktur. Kogyo Gijutsuin Sen'i Kogyo Shikensho Kenkyo Hokoku, Yokohama (Bull. Textile Res. Inst. jap. Government) (1971) 95(6), S. 65–76 (jap.; engl. Zusammenfass.),

Gojchman, A. Š., Macibora, N. P.: Untersuchung der großen Perioden im Polycaproamidfaserstoff. Vysokomol. Soed. (Hochmol. Verbind.) Serie A **14** (1972) 1, S. 47–55.

Vojtenko, I. L., Kurdjukova, L. Ja., Bondarenko, O. A., Fajnberg, È. Z., Michajlov, N. V., Gal'brajch, L. S., Rogovin, Z. A.: Strukturuntersuchungen an Mischpolysacchariden mit Grundbausteinen, die mit Glucopyranosse stereoisomer sind. Vysokomol. Soed. (Hochmol. Verbind.) Serie B: Kratkie Soobšč. (Kurzmitt.) **14** (1972) 1, S. 66–69.

Peterlin, A.: Molekularer Mechanismus des Zerreißens von Ketten in gedehnten kristallinen Polymeren. J. physic. Chem. **75** (1971) 26, S. 3921–3929.

Fahmy, Y., Moborak, F.: Feinstruktur und Reaktionsfähigkeit von Cellulose. J. Polymer Sci., B: Polymer Letters **9** (1971) 10, S. 767–769.

Gal'perin, E. L., Mindrul, V. F., Nikonorova, N. I., Tilenskaja, S. N.: γ-Einkristalle von Polyvinylidenfluorid. Vysokomol. Soed. (Hochmol. Verbind.) Serie B: Kratkie Soobšč. (Kurzmitt.) **14** (1972) 1, S. 37–38.

Hunston, D. L.: Bestimmung der viskoelastischen Hochfrequenzeigenschaften von Polymeren mittels Scherungswellenverzögerung. J. Polymer Sci., C: Polymer Symposia (1971) 35, S. 201–210.

Macknight, W. J., Tetrault, R. J.: Dynamisch-mechanisches Verhalten von partiell hydrolysiert n Äthylen/Vinylacetat-Copolymeren. J. Polymer Sci., C: Polymer Symposia (1971) 35, S. 117–127.

Garbuglio, C., Ajroldi, G., Casiraghi, T., Vittadini, G.: Beziehungen zwischen den mechanischen Eigenschaften und Relaxationsprozessen in Polymeren. Polyamid 6. J. appl. Polymer Sci. **15** (1971) 10, S. 2487–2512.

Tanaka, H., Kurihara, K., Morita, M., Mori, K., Okajima, S.: Untersuchungen zum biaxialen Recken von Polypropylenfilm. VI. Anisotropische thermische Schrumpfung eines biaxial gereckten Films aus isotaktischem Polypropylen. J. Polymer Sci., B: Polymer Letters **9** (1971) 10, S. 723–728.

Sinicyna, G. M., *Samarina, L. V., Tarakanova, E. E., Tarakanov, O. G., Vlodavec, I. N.:* Einfluß verseniedenartiger Modifizierungen auf das Erhalten der Porosität von Kondensationsstrukturen des Polyvinylformals bei Entfernung der Feuchte durch Verdampfen. Kolloid. Ž., Moskva, **34** (1972) 1, S. 106–109.

De Gennes, P. G.: Bewegung einer Polymerkette in Gegenwart von festliegenden Hindernissen. J. chem. Physics **55** (1971) 2 (Teil 1) S. 572–579.

Goetze, P., K. Porter, R. S., Abbau von hochmolekularem Polystyrol beim Extrudieren. J. Polymer Sci., C: Polymer Symposia (1971) 35, S. 189 bis 200.

Keller, A., Martuscelli, E.: Untersuchungen über Polyalkenamere. II. Abbau von Polydedecenamer- und Polydecenamer-Einkristallen. Makromol. Chemie **151** (1972) S. 169–187. (engl.).

Šljapnikova, I. A., Miller, V. B., Šljapnikov, Ju. A.: Gesetzmäßigkeiten der Oxydation von ein binäres Antioxydantiengemisch enthaltendem Polypropylen. Izv. Akad. Nauk SSSR, Serija chim. (Nachr. Akad. Wiss. UdSSR, Chemie) (1972) 1, S. 50–53.

Krkoška, P., Reiser, V.: Nebenreaktionen bei der Acetylierung von Cellulose. Cellulose Chem. Technology, Jassy/Rum. **5** (1971) 5, S. 437–442. (dt.) (IPOC).

Dobrescu, V.: Thermomechanische Methode zur Charakterisierung von Polymeren. Materiale plast., București **8** (1971) 12, S. 631–639.

Semčikov, Ju. D., Terman, L. M., Senina, N. A., Zislina, S. S.: Thermische Spaltung von Copolymeren auf der Basis von Methacryl- und Acrylsäureestern. Vysokomol Soed. (Hochmol. Verbind.) Serie A **14** (1972) 1, S. 238 bis 249.

Miller, G. W.: Thermische Analyse von Polymeren. VII. Kalorimetrische und dilatometrische Aspekte der Einfriertemperatur. J. appl. Polymer Sci. **15** (1971) 10, S. 2335–2348.

Cameron, G. G., Davie, F.: Der thermische Abbau von Polymethylacrylat. VI. Bildung von Vernetzungen durch 1.4-Diaminanthrachinon. Makromol. Chemie **151** (1972) S. 289–291. (engl.).

Furman, E. G., Abramova, T. M., Dar'eva, È. P., Spirina, I. A., Fomenko, A. S.: Strahlungsinduzierte chemische Umwandlungen von Polycaproamid in Gegenwart von sekundären aromatischen Amine. Plast. Massy, Moskva (Plast. Massen) (1972) 1, S. 12–15.

Tarakanov, O. G., Nevskij, L. V., Kafengauz, A. P.: Photostabilisierung von Polyurethanen. Plast. Massy, Moskva (Plast. Massen) (1971) 2, S. 42–43.

Krjažev, V. N., Najmark, N. I., Pogosov, Ju. L., Gavrilova, Z. A.: Physikomechanische Eigenschaften von Celluloseacetosuccinaten. Plast. Massy, Moskva (Plast. Massen) (1972) 1, S. 56–58.

Juvet, R. S., jr, Smith, J. L. S., Kuang-Pang Li: Identifizierung von Polymeren und quantitative Bestimmung von Zusätzen durch Photolyse-Gaschromatographie. Analytic. Chem. **44** (1972) 1, S. 49–56.

Alekseeva, K. V., Chramova, L. P.: Hydroxylgruppen-Bestimmung in Polymeren und anderen organischen Verbindungen mit Hilfe der Reaktions-Gaschromatographie. Z. anal. Chimii (Z. analyt. Chemie) **27** (1972) 1, S. 163–168.

Scholtan, W., Kwoll, F. J.: Lösungsmittel-Gradienten-Chromatographie unter Verwendung eines Flammen-Ionisationsdetektors. Makromol. Chemie **151** (1972) S. 33–48.

Funt, B. L., Hornof, V.: Ein Weg zu einer vereinfachten Universal-Eichung für die Gelchromatographie. J. appl. Polymer Sci. **15** (1971) 10, S. 2439 bis 2445.

Casassa, E. F.: Theoretische Modelle für die Peak-Wanderung in der Gelpermeationschromatographie. J. physic. Chem. **75** (1971) 26, S. 3929 bis 3939.

Shirayama, K., Kita, S.-I., Watabe, H.: Einfluß der Verzweigung auf einige Eigenschaften von Äthylen/α-Olefin-Copolymeren. Makromol. Chemie **151** (1972) S. 97–120. (engl.).

Skljarova, A. G., Branzoli, F., Vasserman, A. N.: Vergleich der Reaktionsfähigkeit der C-H-Bindungen in Polyäthylen und in niedermolekularen Kohlenwasserstoffen. Vysokomol. Soed. (Hochmol. Verbind.) Serie B: Kratike Soobšč. (Kurzmitt.) **14** (1972) 1, S. 72–73.

Šul'gina, È. S., Tjažlo, M. I., Kirpičeva, M. V., Godunova, L. I., Char'kova, A. M., Samodurova, I. A., Trofimova, N. D., Rozenberg, M. È.: Bestimmung der molekularen Kriterien von verschiedenen Polyvinylbutyralen. Z. prikl. Chimii (Z. angew. Chemie) **44** (1971) 12, S. 2718–2722.

Physik und Chemie der Monomeren und Oligomeren

Aleksandrova, Ju. V., Tarakanov, O. G.: Einige kinetische Gesetzmäßigkeiten der Wasser/Isocyanat-Umsetzung. Vysokomol. Soed. (Hochmol. Verbind.) Serie A **14** (1972) 1, S. 23–29.

Nečaev, P. P., Moiseev, Ju. V., Zaikov, G. E., Petrova, T. E.: Abbau von Polyamiden in aggressiven Medien. Mitt. 1. Hydrolyse cyclischer Oligomerer des Caprolactams in wäßrigen Schwefelsäurelösungen. Izv. Akad. Nauk SSSR, Serija chim. (Nachr. Akad. Wiss. UdSSR, Chemie) (1972) 1, S. 33–38.

Polymerisation

Tsuchida, E., Tomono, T., Sano, H.: Lösungsmitteleinflüsse auf alternierende Copolymerisationssysteme. Bestimmung der Gleichgewichtskonstanten durch KMR-Spektroskopie. Makromol. Chemie **151** (1972) S. 245–264. (engl.).

Beachell, H. C., Ngoc Son, C. P., Tinh, N. H.: Kationische Polymerisation von N, N'-disubstituierten 2-Iminooxazolidinen. J. Polymer Sci., B: Polymer Letters **9** (1971) 10, S. 725–739.

Simionescu, Cr. I., Ciubotariu, M.: Pfropfung von Cellulose in Abwesenheit von radikalischen Initiatoren. Cellulose Chem. Technology, Jassy/Rum. **5** (1971) 5, S. 431–436. (engl.).

Mares, T., Hinojosa, O., Nakamura, Y., Arthur, J. C., jr.: Cellulose-Pfropfcopolymere. IV. Pfropfpolymerisation von Methacrylnitril mit gammabestrahlter Cellulose in DMSO/-, Aceton/- und Methanol/Wasser-System. J. appl. Polymer Sci. **15** (1971) 10, S. 2349–2356.

Beljakova, M. K., Gal'brajch, L. S., Rogovin, Z. A.: Synthese von Mischpolysacchariden, die der Cellulose stereoisomer sind, durch nucleophile Substitution. Cellulose Chem. Technology, Jassy/Rum. **5** (1971) 5, S. 405 bis 415 (russ.).

Koršak, V. V, Vinogradova, S. V., Vasil'eo, A. V., Vasnev, V. A.: Einfluß der chemischen Struktur des Ausgangsidols auf einige Gesetzmäßigkeiten der Polyveresterung in Gegenwart von Triäthylamin. Vysokomol. Soed. (Hochmol. Verbind.) Serie A **14** (1972) 1, S. 56–60.

Bik, K.: Emulsions-Polyvinylchlorid. Polimery, Warszawa **14** (1971) 9/10 S. 421–426.

Koelling, J. G., Kolb, K. E.: Kationische Polymerisation von Vinylmonomeren durch poröses Glas. J. physic. Chem. **75** (1971) 25, S. 3897–3899.

Rabinovič, I. B., Šejman, M. S., Selivanov, V. D.: Verbrennungswärme einiger Copolymerer und Copolymerisationswärme von Vinylmonomeren. Vysokomol. Soed. (Hochmol. Verbind.) Serie B: Kratkie Soobšč. (Kurzmitt.) **14** (1972) 1, S. 25–28.

Iskra, J.: Copolymere des Vinylchlorids. Polimery, Warszawa **14** (1971) 9/10, S. 436–439.

Ghosh, P.: Beteiligung von Schwefelverbindungen an der Vinylpolymerisation und ähnlichen Polymerisationen. J. Polymer Sci., D: Macromol. Rev. **5** (1971) S. 195–227.

Gruznov, A. G., Romanov, L. M.: Mit Zinnbromid initiierte Polymerisation von Formaldehyd. Vysokomol. Soed. (Hochmol. Verbind.) Serie B: Kratkie Soobšč. (Kurzmitt.) 14 (1972) 1, S. 74–77.

Zisman, D. O., Vaskevič, D. N., Inozemceva, L. I., Konovalov, P. G.: Polymerisation von Formaldehyd in Gegenwart von Barium-, Strontium- bzw. Calciumcarbonat. Z. prikl. Chimii (Z. angew. Chemie) 44 (1971) 12, S. 2688–2691.

Raškov, I. B., Panajotov, I. M.: (Schreibweise i. Orig.: *Rashkov, Ilya B., Panayotov, Ivan M.*): Theoretische Untersuchung der Initiierung der Polymerisation von ungesättigten Aldehyden mit dem Benzophenon-Radikalanion. Makromol. Chemie **151** (1972) S. 275–279. (engl.).

Yamashita, Y., Inoue, T., Hattori, G., Ito, K.: Kationische Copolymerisation von Dioxolan und Tetroxan. Makromol. Chemie **151** (1972) S. 91–96. (engl.).

Luščik, V. B., Skorochodov, S. S.: Synthese von polymeren Alkoholen durch Spaltung von entsprechenden Benzyläthern. Vysokomol. Soed. (Hochmol. Verbind.) Serie A **14** (1971) 1, S. 61–66.

Šakirov, R. Z., Topčiev, D. A., Kabanov, V. A., Kalinina, L. P.: Über den Einfluß von Isobutylamin auf die radikalische Polymerisation von Methacrylsäure in Dioxan als Lösungsmittel. Vysokomol. Soed. (Hochmol. Verbind.) Serie A **14** (1972) 1, S. 38–46.

Yoda, N., Kurihara, M.: Neue Polymere von aromatischen Heterocyclen durch Polyphosphorsäure-Lösungsverfahren. J. Polymer Sci., D: Macromol. Rev. **5** (1971) S. 109–193.

Ranogaec, F., Kočetov, E. V., Markevic, M. A., Enikolopjan, N. S.: Mechanismus der mit Triäthylphosphin initiierten Polymerisation von Methacrylnitril. Dokl. Akad. Nauk SSSR (Ber. Akad. Wiss. UdSSR) **202** (1972) 3, S. 642–645.

Ogawa, T., Taninaka, T., Takada, H., Minoura, Y.: Einfluß von Triphenylphosphit auf die radikalische Polymerisation von Acrylnitril. Makromol. Chemie **151** (1972) S. 49–57 (engl.).

Kato, M.: Radikalische Polymerisation von o-, m- und p-Hydroxystyrol. Kogyo Gijutsuin Sen'i Kogyo Shikensho Kenkyo Hokoku, Yokohama (Bull. Textile Res. Inst. jap. Government) (1971) 95(6), S. 1–10. (jap.; engl. Zusammenfass.),

Yamashita, Y., Nobutoki, K., Nakamura, Y., Hirota, M.: Blockcopolymerisation. III. Synthese von Multiblockcopolymeren von Polytetrahydrofuran und Polystyrol durch Ionenkupplung. Macromolecules, Washington **4** (1971) 5, S. 548–551.

Libina, S. L., Nikitskaja, N. M., Repina, V. S., Chrenova, N. V., Akutin, M. S.: Neue Polysulfone. Plast. Massy, Moskva (Plast. Massen) (1972) 1, S. 23–25.

Lopour, P., Pecka, J., Marek, M.: Über die Polymerisation des Isobutylens durch Aluminiumjodid in Anwesenheit einiger Alkylhalogenide. Makromol. Chemie **151** (1972) S. 139–148.

II. Faserstoffe. Ausgangsstoffe usw.

Naturfaserstoffe

Pflanzliche Faserstoffe

Krzyształowska, H.: Einfluß der Hybriden auf den Ertrag an Flachsstroh und Fasern. Przegl. włókienn. (Textil-Rdsch.) **25** (1971) 10, S. 503–505.

Kopczyński, J.: Bearbeitung der Leinenfasern mit verdünnten alkalischen Lösungen. Przegl. włókienn. (Textil-Rdsch.) **25** (1971) 11, S. 573–578.

De Langhe, E., Eid, A. A. H.: Vorläufige Untersuchungen über die in-vitro-Kultur von befruchteten Baumwollkeimlingen. Ann. sci. textiles belges (1971) **4**, S. 65–73 (engl.).

Tierische Faserstoffe

Banbaji, J.: Eine Bemerkung zur Kompressibilität von Wolle und ihrer Beziehung zur Kräuselung. J. appl. Polymer Sci. **15** (1971) 10, S. 2601 bis 2605.

Chemiefaserstoffe

Für die Chemiefaserindustrie: eine neue Herausforderung. Textile Ind. **135** (1971) 8, S. 102, 103, 105.
Faserproduzenten: Größere vertikale Zusammenarbeit? Mod. Textiles Mag. **52** (1971) 9, S. 33–34.
Rozelle, W. N.: Wechselwirkung des Einflusses zwischen dem Chemiefaserproduzenten und dem Weber, Spinner und Teppichhersteller. Textile Ind. **135** (1971) 8, S. 75–76, 79–82.

Cellulose und Zellstoff

Butko, Ju. G., Germer, É. J., Rjabčenko, S. V., Majorova, I. D.: Zersetzung von Kochlauge beim Bisulfitaufschluß. Z. prikl. Chimii (Z. angew. Chemie) **44** (1971) 12, S. 2766–2768.
Diaconescu, V., Petrovan, S.: Sulfatkochen von Fichtenholz unter Zusatz von Natriumborhydrid. Analyse des Regressionsbereiches im Hinblick auf die Güte und Ausbeute des Zellstoffes. Zellstoff u. Papier **21** (1972) 2, S. 42–44.
Croon, I., Andrews, D. H.: Fortschritte bei der Sauerstoff-Bleiche. I. Möglichkeiten und Grenzen. Tappi, New York **54** (1971) 11, S. 1893–1898.
Karter, E. M., Bobalek, E. G.: Rolle der physiko-chemischen Kinetik bei der Chlorierung von Holzzellstoff. Tappi, New York **54** (1971) 11, S. 1882 bis 1888.
Christensen, P. K., Vulčev, Vl., Christova, E., Dimitrova, L., Neikova, V. (Schreibw. i. Orig.: *Valtchev, Vl.*): Bleiche von Viskosepappelzellstoff. Sbornik Výskum. Prác Odboru Pap. Celulózy (Samml. Forsch.-Arb. Papier-Zellstoffind.) (1971) S. 125–132 (engl.) In: Papír a Celulóza, Praha **26** (1971) 12.
Nedelčeva, M. (Schreibw. i. Orig.: *Nedeltschewa*): Einfluß des pH auf das Quellungsvermögen des Zellstoffs. Sbornik Výskum. Prác Odboru Pap. Celulózy (Samml. Forsch.-Arb. Papier-Zellstoffind.) (1971) S. 133–138. (dt.). In: Papír a Celulóza, Praha **26** (1971) 12.

Synthetische Faserstoffe

Acierno, D., Dalton, N. J., Rodriguez, J. M., White, J. L.: Aspekte der Rheologie und der Wärmeübertragung beim Schmelzspinnen von Polyäthylen- und Polystyrolmonofilen. J. appl. Polymer Sci. **15** (1971) 10, S. 2395 bis 2415.
Motel's, Z. N., Nosov, M. P., Sigal, M. B.: Orientierende Verfestigung von Polytetrafluoräthylen-Faserstoff. Vysokomol. Soed. (Hochmol. Verbind.) Serie B: Kratkie Soobšč. (Kurzmitt.) **14** (1972) 1, S. 21–23.

Künstliche mineralische Faserstoffe

Bailey, J. E., Clarke, A. J.: Die oxydative Behandlung bei der Bildung von Kohlenstoff-Fäden. Nature, London **234** (1971) 5331, S. 529–531.
Ruland, W.: Neuere Entwicklungen auf dem Gebiet der Hochtemperaturfasern. Melliand Textilber. internat. **53** (1972) 1, S. 6–8.

Ausgangsstoffe, Schaumstoffe, Kautschuk

Fomina, L. L., Gruzdeva, A. A., Kim, V. P., Titov, M. A.: Einige Besonderheiten der Herstellung von Cellophan/Polyäthylen-Folien und ihre Eigenschaften. Plast. Massy, Moskva (Plast. Massen) (1971) 11, S. 53–55.
Krämer, H., Messner, D.: Probleme der elektrostatischen Aufladung bei der kontinuierlichen Herstellung und Verarbeitung von flächenhaften P.R.P.-Materialien. GIT. Fachz. Laboratorium **15** (1971) 12, S. 1421–1430.

III. Fäden-Herstellungstechnologien

Spinnerei, Zwirnerei

Dulken, J. F.: Neue Perspektiven in der Spinnerei — OE- und Faserband-Klebverfahren. Mod. Textiles Mag. **52** (1971) 8, S. 7, 12, 24–25.

Spinnereivorbereitung

Riemer, A.: Neue Maschinen der Vorbereitungssätze in der Kammgarnspinnerei. II. Przegl. włókienn. (Textil-Rdsch.) **25** (1971) 10, S. 544–550.
Zimnicka, Z. B., Jackowski, T., Jowalski, J.: Wahl eines optimalen Prozentsatzes an Kämmlingen beim Kämmen von Menoufi- und Sudan-Baumwolle. Przgl. włókienn. (Textil-Rdsch.) **25** (1971) 11, S. 578–584.
Kowalski, J.: Vorreißerbeschläge der Deckelkarden. Przegl. włókienn. (Textil-Rdsch.) **25** (1971) 10, S. 534–538.
Szenfelder, H.: Anwendung synthetischer Harze beim Herstellungsprozeß von Nadelstäben. Przegl. włókienn. (Textil-Rdsch.) **25** (1971) 10, S. 538 bis 540.

Spinnerei

Wolf, B.: Das Open-End-oder Rotor-Spinnen. Internat. Textil-Bull., Zürich. Weltausgabe: Spinnerei (1971) 4, S. 387–388, 393–394, 399–400, 405, 409–411, 462.
Heufer, G.: Textilhülsen aus Polypropylen. Melliand Textilber. internat. **53** (1972) 1, S. 104–107.
Das Ausspinnen von Polyester- und Mischgarnen bei hohen Geschwindigkeiten. Internat. Textil-Bull., Zürich. Weltausgabe: Spinnerei (1971) 4, S. 465–466, 469–472.
Horbach, W.: Kammgarn- und Streichgarnspinnerei 1. Teil: Kammgarnspinnerei. Textil-Praxis internat. **26** (1971) 10, S. 599–602; 12, S. 725 bis 728.

Zwirnerei

Skoraczyński, Z.: Prüfung der Einprozeßzwirnmaschine für Cordseide PS 11. Przegl. włókienn. (Textil-Rdsch.) **25** (1971) 10, S. 540–543.

Erzeugnisse der Spinnerei und Zwirnerei

Kleinhansl, E.: Beitrag zur Drehungsprüfung an OE-Garnen. Melliand Textilber. internat. **53** (1972) 1, S. 16–22.
Wegener, W., Feier, G.: Mögliche Fehler bei der Ermittlung der Autokorrelationsfunktion. Melliand Textilber. internat. **53** (1972) 1, S. 22–27.
Wo steht die Entwicklung des Transparentfadens heute? Bekleid. u. Wäsche **24** (1972) 1, S. 56–58.

Texturfäden

Lünenschloß, J.: Texturiermaschinen. Textil-Praxis internat. **26** (1971) 12, S. 731–735.

IV. Flächengebilde-Herstellungstechnologien

Neuentwicklungen auf dem Gebiet der Herstellung von „Arachne"-Nähwirkwaren. Internat. Textil-Bull, Zürich. Weltausgabe: Strickerei, Wirkerei, Konfektion (1971) 4, S. 267–268, 273–274.

Materialvorbereitung

Stelzer, G.: Webereivorbereitung. Textil-Praxis internat. **26** (1971) 10, S. 602 bis 605; 12, S. 728–730.
Stefănescu, I. C., Liuțe, D.: Die Charakteristiken der Struktur der Präzisionswicklung der Spulen für die Färberei. Ind. textilă, București **22** (1971) 12, S. 757–761.

Weberei

Weberei-Technologie

Wellenfach-Webmaschine TWR. Textilveredlung, Weinfelden/Schweiz **6** (1971) 11, S. 730.
Wasserstrahl-Webmaschine DWV. Textilveredlung, Weinfelden/Schweiz **6** (1971) 11, S. 731.
Leclerq, F.: Fadenlieferant mit konstanter Lieferung und pneumatischer Spannungsregelung. Ann. sci. textiles belges (1971) 4, S. 36–64.

Erzeugnisse der Weberei

Blanks, C. C.: Gewebe aus Polyester-Texturseide. Mod. Textiles Mag. **52** (1971) 9, S. 74–78.
Burnett, Rg.: Ein kurzer Halbjahresbericht über die Veränderungen und Tendenzen in der Teppichindustrie. Mod. Textiles Mag. **52** (1971) 8, S. 27 bis 28.

Wirkerei und Strickerei. Konfektion. Sonstige Technologien

Probleme der Masche — heute und morgen. Wirk.- u. Strick.-Technik **26** (1971) 12, S. 941–943.
Reichman, Ch.: Wachstum der Raschelindustrie auf Expansion von Einsatzgebieten, bei Oberbekleidung abgestimmt. Knitting Times **40** (1971) 36, S. 33–35.
Weber, K.-P.: Die Wirkerei und Strickerei. Technologische und bindungstechnische Grundlagen. Melliand Textilber. internat. **53** (1972) 1, S. 58 bis 60.
Kaufmann, G.: Wünsche eines Strickers an die Forschung. Melliand Textilber. internat. **53** (1972) 1, S. 42–47.
Pilisi, J.: Maschenwaren-Praxis. Schußvorlage-Einrichtungen an Kettenwirkautomaten und Raschelmaschinen. Internat. Textil-Bull., Zürich. Weltausgabe: Strickerei, Wirkerei, Konfektion (1971) 4, S. 305–306, 311 bis 312.
Wignall, H.: Ausbildung des Personals von Wirkereien bzw. Strickereien auf dem Niveau einer technischen Hochschule. Knitting Times **40** (1971) 34, S. 50–52.

Erzeugnisse der Wirkerei und Strickerei

Reisfeld, A.: Kettengewirke und daraus hergestellte Textilien. Teil 18. Knitting times **40** (1971) 36, S. 50–58.
Karpov, V. E., Šalov, I. I.: Einfluß der mechanischen Eigenschaften des Fadens auf die Dehnbarkeit der Maschentextilien. Mitt. 1. Izv. vysšich uč. Zav. Technol. legkoj Prom. (Hochschulnachr. Technol. Leichtind.) (1971) 5, S. 24–27.
Druzgsl'skaja, N. M., Romanova, A. M.: Untersuchung der Möglichkeit eines Übergangs auf die Stichprobenkontrolle der Rohstrümpfe nach dem Abnehmen von den Rundstrick-Strumpfautomaten. Izv. vysšich uč. Zav. Technol. legkoj Prom. (Hochschulnachr. Technol. Leichtind.) (1971) 5, S. 107–110.
Heine, G., Trommer, G.: Zusammenhänge zwischen Eigenschaften von Baumwollgarnen und der Fadenbruchhäufigkeit bei deren Verarbeitung auf Kettenwirkmaschinen. Dt. Textiltechnik **22** (1972) 1, S. 18–21.
Kloesges, H., Weber, S.: Kettgewirke aus Folie. Brit. Knitting Ind. **44** (1971) 509, S. 50–51, 53, 54, 56–57, 60, 62.

Konfektion

Technologie und die Bekleidungsindustrie. Brit. Knitting Ind. **44** (1971) 510, S. 91–95, 98.
Einheitliche Bezeichnungen im Bereich der Zuschneiderei. Bekleid. u. Wäsche **24** (1972) 1, S. 123–124.
Leitfähige Chemiefasereinlage gibt Schutz gegen kalten Rücken. VDI-Nachr. 26 (1972) 4, S. 15.
„Phantastische Zukunft" für reinwollenen Jersey bei Herrenoberbekleidung, sagt leitender Angestellter einer Warenhausgruppe. Brit. Knitting Ind. **44** (1971) 509, S. 89, 91, 108, 109.
Kal'nickij, L. B.: Untersuchung der technologischen Konfektionsprozesse von Maschentextilien als ein sehr wichtiger Weg zur Ermittlung und Nutzung von Produktionsreserven. Izv. vysšich uč. Zav. Technol. legkoj Prom. (Hochschulnachr. Technol. Leichtind.) (1971) 5, S. 111–114.
Moll, Ph., Mosinski, E., Krowatschek, F.: Untersuchung der Gesetzmäßigkeiten von Nähmaschinen-Transportsystemen. Bekleid. u. Wäsche **24** (1972) 1, S. 13–21.

Textilverbundstoffe

Tichomirov, V. B., Samojlowa, L. V.: Verwendung von mechanischen Model. len bei der Untersuchung der Relaxationseigenschaften von Klebvliesstoffen. Izv. vysšich. uč. Zav. Technol. legkoj Prom. (Hochschulnachr. Technol. Leichtind.) (1971) 5, S. 19–23.
Fa. Tampella investiert 1,8 Mill. Dollar, um auf dem Gebiet der Herstellung von Textilverbundstoffen nach dem Naßverfahren der erste zu sein. Textile World **121** (1971) 9, S. 84, 86.
Finnische Textilverbundstoffe: Exporte nehmen rasche Aufwärtsentwicklung. Textile World **121** (1971) 9, S. 83.
Ward, D.: Teppich-Weltbericht. Mod. Textiles Mag. **52** (1971) 8, S. 29.

Faserverbundstoffe. Vliesstoffe

Trommer, G.: Einfluß der Faserlage im verfestigten Wirrvlies auf die Ausnutzung der Faserfestigkeit. Dt. Textiltechnik **22** (1972) 1, S. 29–31.

V. Textilveredlung

Lutz, W.: Die kontinuierliche Garnveredlung, System M. Hörauf. Textilveredlung, Weinfelden/Schweiz **6** (1971) 11, S. 699–702.

Farbstoffe, Textilhilfsmittel

Huber, J. F. K., Kolder, F. F. M., Miller, J. M.: Schnelle Trennung und Bestimmung von nichtionogenen Tensiden vom Polyäthylenglykolmonoalkylphenyläther-Typ durch Säulenchromatographie. Analytic. Chem. 44 (1972) 1, S. 105–110.

Géczy, I.: Synthetische lineare Polymere. XXXI. Veränderung der spezifischen Eigenschaften von p-Alkyl/Phenyl/Polyglykoläthern mit der Molekülgröße. Kolor. Ertesítö, Budapest (Kolor. Rdsch.) 13 (1971) 11/12, S. 272–278.

Howry, K. A.: Ein goldenes Jubiläum: für eine Gesellschaft – AATCC, für eine Industrie – in den USA hergestellte Farbstoffe. Mod. Textiles Mag. 52 (1971) 9, S. 28–29, 69–71.

Wawrzyniak, A., Kubicki, E., Szymański, W.: Metallkomplexfarbstoffe 1:2 in Form von konzentrierten handelsüblichen Lösungen. Przegl. włókienn. (Textil-Rdsch.) 25 (1971) 10, S. 520–523.

Wawrzyniak, A., Michlewska, K.: Prüfung des Charakters der chemischen Reaktion zwischen dem reaktiven Farbstoff und dem Cellulosefaserstoff in Anwesenheit einer freien reaktiven Ordnung. Przegl. włókienn. (Textil-Rdsch.) 25 (1971) 11, S. 592–596.

Bleicherei. Sonstige Vorbehandlungsverfahren der Textilveredlung

Kirner, U.: Die Bleiche von Maschenware aus Cellulosefasern und deren Mischungen mit Synthesefasern. Textil-Praxis internat. 26 (1971) 10, S. 621–627.

Jamieson, A., Noreus, S., Pettersson, B.: Fortschritte bei der Sauerstoff-Bleiche. III. Betrieb einer Pilotanlage für Sauerstoff-Bleiche. Tappi, New York 54 (1971) 11, S. 1903–1908.

Färberei

Zacharova, T. D., Solov'eva, V. B., Zajceva, V. N.: Einfluß der kovalenten Bindung zwischen den Reaktivfarbstoffen und der Cellulose des Faserstoffs auf ihre Lichtechtheit. Ž. prikl. Chimii (Z. angew. Chemie) 44 (1971) 12, S. 2771–2773.

Wiggli, F.: Vergleich moderner HT-Stückfärbeverfahren unter Berücksichtigung praktischer Erfahrungen. Textilveredlung, Weinfelden/Schweiz 6 (1971) 12, S. 803–806.

Bruns, H.-J., Rudolph, W.: Färben von Polyacrylnitril-Hochbauschgarn im Wickelkörper. Textil-Praxis internat. 26 (1971) 12, S. 751–754.

Henning, H.-J., Merx, D. R.: Notiz über die Änderungen des Wollfaserdurchmessers vom ungefärbten Kammzug bis zum industriell gefärbten Kammzug und Garn. Ann. sci. textiles belges (1971) 4, S. 22–31 (engl.).

von der Eltz, H.-U.: Tendenzen in der Jet-Färberei. Internat. Textil-Bull., Zürich, Weltausgabe: Färberei, Druckerei, Ausrüstung (1971) 4, S. 327 bis 328, 333–334, 339–340, 345–346, 351–253, 355–356.

Achwal, W. B., Vaidya, A. A.: Untersuchungen von Lösungen von mit Reaktivfarbstoffen gefärbten Cellulosematerialien in Cadoxen. Cellulose Chem. Technology, Jassy/Rum. 5 (1971) 5, S. 417–421 (engl.).

Färben auf der neuen Colorplus. Textilveredlung, Weinfelden/Schweiz. 6 (1971) 11, S. 711–715.

Druckerei

Bechter, D.: Druckerei. Textil-Praxis internat. 26 (1971) 12, S. 738–743.

Kannegießer, H.: Kontinuierliches Thermodrucken mit Tiefenwirkung. Textilveredlung, Weinfelden/Schweiz 6 (1971) 11, S. 728–730.

Andrzejewski, T.: Die Stabilisierung von kationischen Farbstoffen auf Polyacrylnitrilfaserstoff Typ ANILANA bei der Dämpfung von Druckmustern. Przegl. włókienn. (Textil-Rdsch.) 25 (1971) 11, S. 597–600.

Ausrüstung. Trocknung

Cyrański, J., Lickiewicz, E.: Einsatz von flüssigen Chemikalien bei der Ausrüstung von Geweben. Przegl. włókienn. (Textil-Rdsch.) 25 (1971) 11, S. 600–601.

Marzona, M., Di Modica, G.: Modifizierung von Wolle durch Einwirkung von Trichlortriazinen. Textilveredlung, Weinfelden/Schweiz 6 (1971) 12, S. 806–811.

Vereinfachte Ammoniakbehandlung von Baumwollgarnen. Textil-Praxis internat. 26 (1971) 12, S. 743.

Kombiniertes automatisches Ausrüsten und Verpacken von Strümpfen und Strumpfhosen. Wirk.- u. Strick.-Technik 26 (1971) 12, S. 916.

Dworzański, W., Misiewska, D.: Einfluß des Lichtstabilisators auf den Alterungsprozeß der Polyamidseide. Przegl. włókienn. (Textil-Rdsch.) 25 (1971) 10, S. 505–507.

Orlov, I. V., Dovgošeja, S. T.: Feuchte- und Wärmeübertragung in den Stoffschichten bei der Hydro-Thermobehandlung. Izv. vysšich. uč. Zav. Technol. legkoj Prom. (Hochschulnachr. Technol. Leichtind.) (1971) 5, S. 92–96.

Esser, H.: Kalander für Futterstoffe. Textilveredlung, Weinfelden/Schweiz 6 (1971) 11, S. 722–726.

Hirschburger, E.: Automatische Dämpf- und Bauschanlage Typ HBS zum kontinuierlichen Schrumpfen und Bauschen von Garnen, insbesondere Polyacrylnitril-Garnen. Textilveredlung, Weinfelden/Schweiz 6 (1971) 11, S. 703–705.

Produktion von feuerhemmenden Mitteln nimmt rasch zu. Chem. engng. News 49 (1971) 43, S. 16–18.

Wäscherei. Chemische Reinigung

Kretschmar, A.: Wertungsaussagen über Breitwasch-Behandlungssysteme anhand von verfahrensorientierten Wertungsmethoden. Melliand Textilber. internat. 53 (1972) 1, S. 67–79.

Frontfixierung – Chemische Reinigung. Bekleid. u. Wäsche 24 (1972) 2, S. 93–95.

Hasenclever, K. D.: Möglichkeiten der Teppichreinigung. Boden, Wand, Decke 18 (1972) 1, S. 62–64.

VI. Werkstoffprüfung. Meß- und Prüftechnik. Standardisierung

Bidnaja, V. F., Mesjačenko, V. G., Kijauskas, A. K.: Einfluß der Geschwindigkeitswerte des Rauhens auf die Haftfestigkeit des Flors von Mantelgeweben. Izv. vysšich uč. Zav. Technol. legkoj Prom. (Hochschulnachr. Technol. Leichtind.) (1971) 5, S. 41–45.

Eigenschaften und Fehler der Textilmaterialien u. a.

Andrews, M. W., Rottenbury, R. A.: Einfluß nichtionischer Waschmittel auf den Durchmesser von Wolle. Ann. sci. textiles belges (1971) 4, S. 7–21 (engl.).

Wegner, J. J.: Angewandte Theorie über die Festigkeit von Garnen. Ann. sci. textiles belges (1971) 4, S. 74–83.

Smirnov, L. S., Tichonova, N. P.: Über die Messung der Elastizität des Flors von Tuftingteppichen. Ivz. vysšich uč. Zav. Technol. legkoj Prom. (Hochschulnachr. Technol. Leichtind.) (1971) 5, S. 46–49.

Račinskij, L. V., Strel'cov, A. A.: Optimierung von Prozessen mit mehreren Einflußgrößen und mehreren Ausgangsparametern mit Hilfe der Symplexplanung. Zavodsk. Labor., Moskva (Betriebslabor) 38 (1972) 1, S. 66–69.

Jacobasch, H.-J., Jehring, H., Schumann, U.: Zur Untersuchung der Adsorption kationaktiver Tenside an Faserstoffen mit Hilfe der Wechselstrompolarographie. Faserforsch. u. Textiltechnik. 23 (1972) 1, S. 42–47.

Nunnikhoven, J., Albrecht, W.: Brennbarkeit von Textilien und Brandverhütung – Einführung in die Problematik und Bericht zur Lage. Melliand Textilber. internat. 53 (1972) 1, S. 95–101.

Rudakov, A. P., Florinskij, F. S., Bessonov, M. I., Koton, M. M., Kuznecov, N. P., Lajus, L. A., Smirnova, V. E.: Untersuchung der Eigenschaften von Polyamidazopyrrolonen. Vysokomol. Soed. (Hochmol. Verbind.) Serie A 14 (1972) 1, S. 169–176.

Malcher, E.: Reklamationsbearbeitung streifiger Rundstrickware aus texturierten Garnen. Melliand Textilber. internat. 53 (1972) 1, S. 50–54.

Meß- und Prüftechnik

Gorskij, V. G., Brodskij, V. Z.: Über die Regressionsanalyse bei der Versuchs-Planung zweiter Ordnung. Zavodsk. Labor., Moskva (Betriebslabor) 38 (1972) 1, S. 61–66.

Lünenschloß, J.: Textilprüfgeräte. Textil-Praxis internat. 26 (1971) 10, S. 612–616.

Sergeev, Ju. A., Fajnberg, È. Z., Michajlov, N. V.: Kalorimeter zur Messung von bei Verformung von Faserstoffen und Folien stattfindenden Wärmeeffekten. Vysokomol. Soed. (Hochmol. Verbind.) Serie A 14 (1972) 1 S. 250–253.

Perepečko, I. I., Grečiškin, V. A., Volodina, L. V.: Zerstörungsfreie akustische Prüfmethode für die Untersuchung von Polyäthylenterephthalat-Folien. Plast. Massy, Moskva (Plast. Massen) (1972) 1, S. 70–71.

Matsuo, T., Nasu, N., Saito, M.: Untersuchungen des Griffs – Die Methode zur Messung des Griffs. J. Textile Mach. Soc. Japan 17 (1971) 3, S. 92 bis 104.

Janiszewski, K.: Applikative Aspekte der Empfindlichkeit kationischer Farbstoffe auf den Einfluß des pH-Wertes. Przegl. włókienn. (Textil-Rdsch.) 25 (1971) 11, S. 585–592.

Raes, G., Fransen, T., Verschraeger, L.: Auswertung der Empfindlichkeit von Baumwollfasern gegen chemische Behandlung. Ann. sci. textiles belges (1971) 4, S. 84–96.

Dmitriev, L. N., Syrkovskaja, L. E., Sucharev, M. I., Bočarov, V. G.: Neues Verfahren zur Bestimmung der Farbtonunterschiede von Textilien. Mitt. 1. Izv. vysšich uč. Zav. Technol. legkoj Prom. (Hochschulnachr. Technol. Leichtind.) (1971) 5, S. 50–54.

Standardisierung. Terminologie

Bauer, J.: Gesetze und Standards über Entflammbarkeit: ihr Einfluß auf die Bekleidungsindustrie. Mod. Textiles Mag. 52 (1971) 8, S. 44–48.

Uhlmann, R. H.: Terminologie der Wirkerei und Strickerei. Melliand Textilber. internat. 53 (1972) 1, S. 60–64.

Meyer, K., Böttcher, P.: Zur Systematik und Terminologie der textilen Flächengebilde. Dt. Textiltechnik 22 (1972) 1, S. 32–37.

VII. Betriebstechnik. Ökonomie. Tagungsberichte und dgl.. Sonderfragen

Betriebstechnik

Prozeßrechner Siemens 305 zur Steuerung des Färbeprozesses bei Gütermann & Co., Gutach i. Br. Textilveredlung, Weinfelden/Schweiz. 6 (1971) 11, S. 735–736.

Hempel, O. W.: Prozeßrechner-gesteuerte Garnfärberei. Melliand Textilber. internat. 53 (1972) 1, S. 86–90.

Graf, F.: Betriebsorganisation in der Stickwaren-Oberbekleidungsfertigung Wirk.- u. Strick.-Technik 26 (1972) 1, S. 1–7.

König, W., Ronneburger, R.: Vervollkommnung der Leitung und Planung in der Leichtindustrie unter Einbeziehung mathematisch-ökonomischer Modelle und der EDV. Dt. Textiltechnik 22 (1972) 1, S. 52–59.

Rüttiger, W.: Zur Theorie und Anwendung der Automatisierung in der Textilveredlung. Teil I: Von der Theorie bis zu einer Einteilung der Anwendung in Einführung und Nutzung von Automaten. Melliand Textilber. internat. 53 (1972) 1, S. 91–94.

Ökonomie

Klinger, H.: Intensivierung der Textilproduktion durch sozialistische Rationalisierung. Dt. Textiltechnik 22 (1972) 1, S. 49–51.

Miersch, S., Tille, M.: Möglichkeiten zur Prozeßintegration in der Erzeugnislinie „Rohstoff – flächiges textiles Gebrauchsgut" Dt. Textiltechnik 22 (1972) 1, S. 44–49.

Reichmann, Ch.: Die Bedeutung der Aufstellung eines Produktionskontroll.-programms in der Strickerei bzw. Wirkerei. Knitting Times 40 (1971) 34, S. 37–38.

Paulsen, P. G.: Abwasserreinigung – eine Alternative zur Lösungsmittelfärbung? Textil-Praxis internat. 26 (1971) 12, S. 755.

Zimowski, A.: Herstellung und Anwendung von Polyvinylchlorid in der Welt und in Polen. Polimery, Warszawa 14 (1971) 9/10, S. 412–416.

Kiefer, D. M.: Ökonomen sehen Umsatzsteigerung in den USA voraus. Chem. engng. News 49 (1971) 43, S. 26–28.

Lennox-Kerr, P.: Strukturprofil der europäischen Chemiefaserindustrie. Textile Ind. 135 (1971) 8, S. 56–62, 64, 66–68, 70, 72, 73.

Liang, L. S.: Strukturprofil der Chemiefaserindustrie in den USA. Textile Ind. 135 (1971) 8, S. 49–55.

Sonderfragen

Charitonova, O. K., Prokof'eva, R. E., Maksimov, V. L., Stafeev, A. V., Zapletnjak, V. M., Sažin, B. I.: Untersuchung der Wechselwirkung zwischen $VO(OC_2H_5)_3$ und $Al(C_2H_5)_2Cl$ in katalytisch wirkenden Systemen mit Hilfe der ESR- und der Leitfähigkeitsmethode. Vysokomol. Soed. (Hochmol. Verbind.) Serie B: Kratkie Soobšč. (Kurzmitt.) 14 (1972) 1, S. 28–32.

Václavek, M., Navrátil, B., Šimonik, J.: Extraktion von Dimethylformamid aus wäßrigen Lösungen. Chem. Prům., Praha (Chem. Ind.) 22 (47) (1972) 1, S. 25–27.

Inverse Polarographie und Voltammetrie

Neuere Verfahren zur Spurenanalyse

Von Dr. ROLF NEEB

1969. XII, 256 Seiten — 139 Abbildungen — 33 Tabellen — gr. 8° — Leinen 48,— M

Bestell-Nr. 761 395 5 (5729)

Seit Jahren befindet sich das Gebiet der inversen Polarographie und Voltammetrie in stürmischer Entwicklung. Dazu hat nicht zuletzt die Anwendung des Verfahrens in der immer mehr an Bedeutung gewinnenden Spurenanalyse beigetragen. Es erscheint daher gerechtfertigt, eine zusammenfassende Darstellung vorzulegen. Besonders zu berücksichtigen waren dabei die Probleme des Praktikers. Deshalb werden theoretische Grundlagen nur behandelt, soweit sie für die Praxis von Bedeutung sind. Der Verfasser hat dabei den Text durch zahlreiche Tabellen und Abbildungen anschaulich gemacht.
Einen breiten Raum nimmt die Beschreibung experimenteller Einzelheiten ein, mit Arbeitsbeschreibungen zur Bestimmung vieler Elemente und Verbindungen. So werden beispielsweise Vorschriften zur Untersuchung organischer Flüssigkeiten, zur Bestimmung von Verunreinigungen in ultrareinen Metallen u. v. a. angegeben. Die eingehende Besprechung der Anwendungsmöglichkeiten zeigt die Brauchbarkeit dieser wichtigen und zukunftsweisenden Methode. Für diejenigen Wissenschaftler, die mit dem Verfahren bereits vertraut sind, bietet das Buch eine nützliche Zusammenfassung der Ergebnisse der Voltammetrie und Polarographie.

Bestellungen durch eine Buchhandlung erbeten

THEORIA CUM PRAXI

A K A D E M I E - V E R L A G · B E R L I N

FSC
www.fsc.org
MIX
Papier | Fördert gute Waldnutzung
FSC® C083411

Zeitfracht Medien GmbH
Ferdinand-Jühlke-Straße 7
99095 Erfurt, Deutschland
produktsicherheit@kolibri360.de